梁启超

（1873—1929）

字卓如，号任公，别号饮冰室主人等。近代著名政治活动家、思想家，戊戌变法领袖之一，中国近代维新派代表人物。1922 年起在清华兼课，1925 年被聘为清华国学研究院导师，与王国维、陈寅恪、赵元任被时人誉为“清华国学四大导师”。其著作编为《饮冰室合集》。

中西书院指定教本

德育鉴

梁启超 编著

译林出版社

图书在版编目（CIP）数据

德育鉴 /梁启超编著. —南京：译林出版社，2022.5
ISBN 978-7-5447-9014-7

Ⅰ.①德… Ⅱ.①梁… Ⅲ.①道德修养 - 语录 - 中国 - 古代 Ⅳ.①B825

中国版本图书馆 CIP 数据核字（2021）第 277366 号

德育鉴　梁启超 / 编著

责任编辑　陆晨希
特约编辑　童可依
装帧设计　韦　枫
校　　对　戴小娥
责任印制　单　莉

出版发行　译林出版社
地　　址　南京市湖南路 1 号 A 楼
邮　　箱　yilin@yilin.com
网　　址　www.yilin.com
市场热线　025-86633278
排　　版　南京展望文化发展有限公司
印　　刷　南京新世纪联盟印务有限公司
开　　本　880 毫米 ×1240 毫米　1/32
印　　张　7.375
插　　页　4
版　　次　2022 年 5 月第 1 版
印　　次　2022 年 5 月第 1 次印刷
书　　号　ISBN 978-7-5447-9014-7
定　　价　55.00 元

不为圣贤，便为禽兽。

莫问收获，但问耕耘。

生平最服膺曾文正此语，录以题《德育鉴》。

—— 启超

《新民丛报》第二次临时增刊

清华图书馆惠存，程树仁临行敬赠

饮冰室主人述

目　录

意识重叠处，即是智慧生长处
——《德育鉴》弁言

刘　东

这篇导引性的文章，作于十年前的清华园，当时笔者正着手复建清华国学院；而十年之后，自己则又转移到了西子湖畔，再来浙大另行创办中西书院。不过，发言的语境虽有所迁移，外在的物象亦大有变异，可自己的内心依然如故，而价值追求更是未稍动摇。在这个意义上，上述两家机构虽名称不同，且坐落在一南一北，可至少在我的精神深处，总还在暗中有一线相牵。正因此，也便动意把当年设立的“清华大学国学研究院德育教材”，再推荐为新的“中西书院指定教本”，以延续以往开展的教学活动。至于十年前所写的这篇弁言，也大体上保留原貌不作更动；希望由此能节省出一点精力来，再为各章分别撰写一篇“题记”，以联系当下特定的复杂语境，对于诸多疑难问题进行解疑，作为进一步阅读的导引。

作者谨识，2021年1月4日

清华有一句很有文采的校训，是所谓“自强不息，厚德载物”，这一点几乎是妇孺皆知。还有，也应有不少人已是耳熟能详，上述校训辑自《周易》上的乾、坤二卦，其原文是“天行健，君子以自强不息”，和“地势坤，君子以厚德载物”。更进一步说，也会有不少人已有了解，清华立下这个校训的契机，缘于梁启超1914年来校的一场讲演。——甚至，如能再多读几本梁先生的书，还会知道他常爱以代表天、地的这两种物象，来表达自己对高尚人格的摹状，比如他在《孔子》中便曾写道：“乾卦有天体运行之象，便效法他自强不息。坤卦有地势持载之象，便效法他厚德载物。”[1]

不过，如果再跟着追问一步：这种足以“载物”的“厚德”，到底是怎样的一种“德性”？而这种“自强不息”的君子风格，又属于何种伦理范畴？再更进一步说，我们这个向称“礼义之邦”的文化共同体，其最能代表文明高度的所谓“礼义”，又是凝聚和涵容了怎样的价值，恐怕就不是人人都知晓了，而且也确实不容易分说清楚。——幸而，大家今天打开的这本小书，却是非常明确地向读者传达出：对于后边这些问题的答案，早在梁启超那次讲演的十年前，就已被他编写到《德

1 梁启超：《饮冰室合集·专集》（第八册），北京：中华书局，1989年，第33页。

育鉴》里面了。由此也就不难理解，清华“自强不息，厚德载物”的精彩校训，有其坚实而笃定的内涵与追求。

这也就意味着，这本书虽说篇幅不大，却有相当厚重的文化容量。——毕竟，虽说中国文化既是有丰富面向的，又是有诸多层次的，可唯有谈论道德修养的话语，才堪称它的正宗与主流。换句话说，也唯有本书中这类道德学说，才构成了从前那个社会的底色，展示了过往文明进程的厚度，构成了中华文化精神的内核，铺垫了古代生活世界的前理解（pre-occupation）。由此也就不难理解，真想当得起和配得上如此意蕴深厚的校训，就不能只跟着去人云亦云，不解其意地念念这八个音节；更不能只图着到校园里一游，在那辉煌大字下去照相留念；而应该切实打开这本小书，时时去朗读、背诵、比照一番，以便能用梁启超的道德关切，来谋求提升自己的人格状态。

之所以要进行这样的对照，当然是因为它既被这样命名，原本就意味着一面“德育的镜子”！不过，恐怕就连梁先生都无法逆料，这种对照到今天变得如此紧迫，竟是因为在后世出现了一层障碍，无形地阻隔着同传统精神的亲近。尽管平心而论，以两门“哲学史”为名的学术爬梳，总还算把中西思想的史料，给相当程度地整理保存下来，可拘守着“两军对战”的僵化营垒，又只能使对于古典经典的研读，大体上陷入“买椟还珠”的窘境。正因为这样，如拿这本饱浸传统精华的《德育鉴》，去比对晚出的那些思想读本，就不难一眼看穿其中的奥秘：只要还在用舶来的“哲学基本问题”去唐突中国思想，就必然要丢掉古人自己的基本问题。——那样做的结果，无非是在根据古人“失足”的程度，来判明他们跟“一贯正确”的“哲学原理”的差距，而绝不会像这本书所证明的：实则在贯穿文明的古代思考中，最要紧的还是超乎各门各派的、对于同一种价值关切的坚守与共享。

让人深感忧虑的是，如此滞后于当代发展的教育，只怕要为中国的下一步行进，预埋下始料未及的消极因素。的确，急剧改革所带来的社会变迁，难免要裹来浑浊的泥沙，也难免会引起非议与不满；而这些不满如能处理得当，也完全可以转化为促动社会改革的、既正常又健康的公民参与意识。所以，让我们以世界的眼光来对比一番吧：如果不是当年伊朗的主导意识，还停留在改革前的原教旨主义，那么就算巴列维所领导的现代化，确乎出现了相当的可议之处，亦未见得就一定要导致霍梅尼革命，并由此而干脆葬送了现代化进程。在这个意义上，千万不要小看意识形态本身的革新，也切不可再对理论采取实用主义的态度，否则，这种在大是大非问题上的鸵鸟姿态，到头来就很可能砸伤了自己的脚——在那些未曾亲历“文革”的年轻人心中，只种下了激进主义的反向选项，于是便为今后可能出现的现代化受挫，无意间预留下了开动倒车的败因。

当然，晚近的另一积极发展则是，作为上述价值真空的反拨，如今也同样在各种公众传媒上，出现了对于古代经典的自发回潮。而针对这种来自民间的国学热潮，我亦曾对它的主流进行过肯定：“尽管带有初始阶段的杂乱，而且裹挟了明显的商业目的，甚至诱使得某些趋利之徒，简直就像苍蝇见血一般，但我仍从大致的方向上，宁愿更看好这次国学热。在我看来，这毋宁是在一个紧要的历史关头，再次雄辩地证明了，对于规范中国民众的道德生活，乃至丰富中文语境的历史经验而言，中国文化固有的价值体系和言说方式，不仅仍然是最有活力的，而且可能是最有效验的。”[1]——无论如何，这起码会从文化保守主义的稳健角度，为今后的发展开出多元制衡的空间吧？

不过，既然我们这里是清华国学院，是拥有过“四大导师”、做出过传奇业绩的国学基地，那么，即使我们对上述热

1 刘东：《国学：“礼失求诸野”之后》，载《文汇报》，2011年4月4日，“文汇学人”C版。

潮乐观其成，也仍然希望为了进一步去提升它，而提供更深一层的相关读物。——我们在这方面的基本主张是：就算是通俗性和普及性的“通识”课，也不要把它上成眼下的“导论”课，竟至于不断地朝着古人思想中灌水，直到把它兑得彻底平淡乏味。相反，大家既然想要聆听古人的声音，那么最好还是去直接面对他们，亲自领略一下他们未被译成现代语言的、来自原初思想场域的话语……

由此才想起了这本《德育鉴》！多谢早期国学院的导师梁启超，他算是既为时人，也为后人编出了这本小书，足以帮助大家以最凝练的篇幅，来集中领略历代先哲的亲口传授。尤其是，大家更能从这些道德话语中，领略到前人本身的思想紧张度，因为在这本缩编成的教材中，并没有自作聪明的现代归纳，倒是仍然收容了围绕核心价值的、方生方成的论辩。——正如梁启超在书中所述:“故王子既没，而门下支派生焉，纷纷论辨，几成聚讼。语其大别，不出两派：一曰趋重本体者（即注重良字），王龙溪、王心斋一派是也；一曰趋重工夫者（即注重致字），聂双江、罗念庵一派是也。要之，皆王子之教也。吾辈后学，苟所志既真，则亦因其性之所近，无论从何门入，而皆可以至道……故今择录两派之要语，使学者自择之。”（《德育鉴·知本第三》）由此，接触它们时就要留意：切不可再像往常那样固执成见，只对古人进行强硬的归类和指斥；相反，倒应心悦诚服地从中看到，无论先哲的运思角度有何不同，都能够写出荡气回肠的、值得自己去朗声诵念的警句名篇！

还应当看到，这种持续不断的往返交锋，也正乃中国文化话语的基调。也就是说，中国精神之最令人惊异的特色，就在于它居然毋需独断的宗教，而全凭可以靠理性来把握的价值学说，去环环相扣、层层递进和代代相传，就有效地传播了做人的标准，确立了文明的基本纲常，——正如我刚刚就此写到的："且不说那是否构成了它的最大优点，至少儒学最大的特点就在于，它并不是把独断的告谕当作出发点，也并不求助于对下民的威胁恫吓，更不必为此而贬损人本身的积极潜能。恰恰相反，它倒是正面鼓励社会的每个成员，都尽量去调动和开发自己的理性，以重新开启充满紧迫感的、只属于此一个人的学术思想探索。它甚至还提供了这样的文化暗示，并借此构成了古代中国的文化前理解：每个社会成员都有不断进学乃至成圣的潜能，因为'人皆可以为尧舜'(《孟子·告子》)；而且这个上进的过程也并非遥不可及，因为'我欲仁，斯仁至矣'(《论语·述而》)。"[1]

---

1 刘东：《天边有一块乌云：儒学与存在主义》，向台湾大学哲学系"儒道佛三家的哲学论辩"学术研讨会提交的论文，2011年。

回溯身后的历史，只要社会环境尚属正常，这种独特而伟大的文化发明，就足以保证社会道德的低下或败坏只属于例外的或偶发的状态；而不像在不知珍惜地摧毁它以后，让我们眼下不禁为之瞠目的，反而是对于做人标准的起码坚守，倒成了显得反常的，甚至令人起疑的例外。由此而令人嗟叹的是，长期以来总有人误以为，这类道德话语太过空洞迂远，甚至就连“抽象的继承”都不获准，却不知那才是须臾不可稍离的，——直到现实生活狠狠地报复回来，弄得身边从饮水到食物到空气，都因为道德的缺失而污浊不堪，才想起为这个不再适于人类居住的环境，而重新打量和关注自己社会的底线……

如此一来，究竟怎样去亡羊补牢，也就成为当务之急。而这也自然就要涉及，究竟如何去理解冯友兰的临终遗言——“中国哲学将来一定会大放异彩”？不待言，尽管这话表达了不约而同的希望，但对于此语的实际内容，仍然存在着不尽相同的理解。比如，只是到了很晚的后来，我才从别人的回忆中读到，原来冯先生自己在讲完那话之后，又特别追加说明了一句——“要注意《周易》哲学”。再如，当我在哈佛就此向史华兹请益时，这位《古代中国的思想世界》的著名作者，却觉得今后最可能大放异彩的，不过是道家学派的宇宙化生论。可无论如何，我本人却言犹在耳地记得，李（泽厚）老师当年从冯先生床前回来后，曾当即转述此语并征求我的意见，而我也是未假思索便应声对答——“中国哲学最有世界意义的，当然是它的无宗教而有道德！”

不管别人怎么想，我在这方面的判断始终未曾动摇。即使到了今天，见到自己的文明遭遇到亘古未有的打击和令人痛心疾首的衰败，我仍毫不犹豫地认为，中国文化之最大的挑战性，仍在于它曾以活泼泼的长期存在，而雄辩地向世界各大文明证明：如不考虑“路径依赖”的殊别问题，也就是说，如不考虑其他文明的转型难度，那么，一个没有教会的世俗世界，不仅是有可能独立存在的，而且是有可能达到高度文明水准的！——由此，它也就无可辩驳地向世界证明了：善于自我救度的、充满主动精神的人类，实则只需要一套教化伦理、提升人格的学术话语，去激发和修养社会成员的善良天性，就完全可能保证日常生活的道德判断，从而不仅维系住整个社会的纲常，而且保障人们去乐享自己的天年！

如果基于这种判断，再来回顾伏尔泰当年闻听此事时的兴奋，就不难从那位“启蒙之父”的敏锐反应中醒悟：其实就学理本身而言，儒学并不应被此后波及中国的那场“启蒙运动”所无辜地否定，因为它原本就属于走下神坛的启蒙话语，原本就应去参与和加强那次思想解放。——同样基于这种判断，记得前年为了邀请查尔斯·泰勒再度访华而专门远渡重洋时，我亦曾特别针对他在新著《世俗年代》中的观点，告诉他有可能在中国看到大异其趣的选项，以应对当代西方因宗教式微而遭遇的危机……

还是基于上述判断，我们更应提倡以辩谈学问的精神和理性求索的较真态度，来钻探进国学话语的价值内核，否则即使把它的字句全都背熟了，此心也不会有真正的落根之处。必须有勇气去意识到，一个人不能因为偶然落生到了哪里，就一定要去信从那里流行的价值，无论它属于哪个文化圈的何种主导价值；不然的话，这种先入为主的惯性与占据，还根本谈不上什么思想的自由。而这也就意味着，我们并不能因为已然身为中国人，就一定要强迫自己去信从这里的儒学，那样的信从仍属于缺乏自觉的盲从；恰恰相反，不经过反复的比较选择，而从理路上认可其内在的根据，我们就无法基于独自的识断，来理性地选择这种文化精神。

也正是这一点，才把我们围绕儒学的阅读活动，跟任何宗教的传教活动都区分了开来！可以想象，既然这是一种学术话语，当然就要借助理性来展开，而且这种逐渐展开的过程，也必然充满了曲折与商榷。所以，如果读者已经意识到了，中国精神的元初种子，原本就是在未有穷期的对话中，经过相互辩难、汲取与渗透，才逐渐光大起来和扩散开来，那么大家在阅读这些话语时，其心态也就应当同样如此；否则，这种文化精神就无法传承，这个文明进程也就只能戛然中止。这自然就逻辑地意味着，当大家打开这本书的时候，完全可以在具体的解释上，充分调动自己的理解力，去大胆地跟梁启超商兑、跟王阳明商兑，甚至去跟孔夫子本人商兑，看看他们彻悟的道理是否确当。

又正因为儒学本身，就体现为不断辩难、商兑的进程，就正如梁启超在前揭文中所说的，甚至连这个选本所涉及的作者群，其本身也是“支派生焉，纷纷论辨，几成聚讼”的。这种对于“噪声”或“异质性”的收容，与其说是演示或暴露了本书的内容驳杂，不如说是证明了思想的难度和过程性。——事实上，只要是在现实地从事思考，就势必需要宽阔自由的言论空间，包括让思想者去“犯错”的空间或自由度；也正因此，恰如我在多年前就指出的，只要是高明广大的心智，便势必会表现为对话性的：“一旦缺乏去‘收视反听’各种复杂动机的能力，一个难免偏狭的心胸就根本无从保持足够的思想紧张度，更无由在多元‘乐思’的激发下接引出布局宏大的整一乐章。在此意义上，无论是否在语式上采纳对话体，哲思的语法都注定是对话性的，它拒斥热昏的‘独白’，而要求虚静的

‘兼听’。”[1]

进一步说，在《德育鉴》这本书里，梁启超内心中的对话性，又不光是表现于国学内部的自我商兑，也同样表现在他从国学向西学的商兑；也就是说，尽管他当时正在“外王”的事功中，去谋求顺应世界格局的变法，但他同时又已在“内圣”的思索中，对舶来的学说进行了保留与回应。——比如他在解读王阳明时，就曾对比着竟尚功利的时髦，而写出了一系列的忧患话语：“夫以王子之时，犹曰此毒沦浃心髓既已千年，试问今之社会，视前明之社会何如？前明讲学之风遍天下，搢绅之士日以此义相激厉，而犹且若是，况于有清数百年来，学者公然以理学为仇敌，以名节为赘疣？”（《德育鉴·辨术第一》）“今世自由、平等、破坏之说，所以浸灌全国，速于置邮者，其原因正坐是，皆以其无碍手也。……故昔之陷溺利欲、弁髦私德者犹自惭焉，今则以为当然。岂徒以为当然，且凡非如是者，不足以为豪杰。……我辈生后先生数百年，中间复经贱儒伪学，盗憎主人，摧锄道脉，不遗余力。微言大义，流风余韵，澌灭以尽，人欲横流，举国禽兽。而近者复有翻译泰西首尾不完、字句不明之学说输入，学者益得假以自文，欲举我神明千圣之学，一

1 刘东：《文明边际的对话：解读一个比较哲学的文本》，《理论与心智》，南京：江苏人民出版社，2001年，第138页。

旦而摧弃之，而更何有于先生？”（《德育鉴·知本第三》）

不过在梁启超那里，针对某种舶来学理的辩难与抵制，又并不表现为对西学的总体拒绝，而毋宁表现为在其内部的兴趣转移。——而就本书的范围来说，最值得特别进行比较研究的，则是他出于对功利主义的不满，而在“儒家之心学”与“西学之康德”中间，所率先建立起来的价值可比性。正是因此，在述及王阳明的“知行合一”观念时，他就为本书写下了这样的案语：“泰西古代之梭格拉第（今译苏格拉底——引者），近世之康德、比圭黎（或译作黑智儿）[1]，皆以知行合一为教，与阳明桴鼓相应，若合符契。陆子所谓‘东海西海，有圣人出焉，此心同也，此理同也’，岂不然哉？此义真是单刀直入，一棒一条痕，一掴一掌血，使伪善者无一缝可以躲闪。夫曰‘天下只有一个知，不行不足谓之知’，不行既不足谓之知，则虽谓天下只有一个行可也，此合一之旨也。”（《德育鉴·知本第三》）而在另外的专论康德的文章中，他更是写下了下述的对比：“以康德比诸东方古哲，则其言空理也，似释迦；言实行也，似孔子；以空理贯诸实行也，似王阳明。”[2]

---

1 比圭黎，即英国哲学家George Berkeley（1685—1753），今译“贝克莱”。而“黑智儿”是德国哲学家Georg Wilhelm Friedrich Hegel（1770—1831），今译“黑格尔”。梁启超在此，虽将两者混为一人；可在某种意义上，这两人却也均持“知行合一”之论。

2 梁启超：《近世第一大哲康德之学说》，《梁启超哲学思想论文选》，北京：北京大学出版社，1984年，第153页。

那么，他到底是先跟着康有为，而认同了中国的心学，然后才借助于日文书籍，而首肯了西方的康德；还是先已心仪这位西方大哲，然后才不经意地回望，重新发现了本国心学的价值？抑或，他更其是让分属于古今中西的这两种学说，不分主次地去相互加强，并准此而奠立了更宽广的文化间性？对于此种思想史的还原工作，也许还需要更细致的爬梳。但无论如何我们总可以看到，正是在始自他的这种深度对话中，那位生前未曾出过远门的德国哲人，竟逐渐变成了“哥尼斯堡的中国圣人”，尤其到了贺麟和牟宗三的“新心学”那里，反而构成了激发本土智慧的重要资源；而事实上，这种后来的发展也正合梁启超最初的想象：“康德者，非德国人，而世界之人也；非十八世纪之人，而百世之人也。”[1]

在阅读时还需留意，梁启超对于儒学话语的这次重温，又不光是参照着当时的西学，还更参照着古代的“西学”，也即昔年从印度引进的佛学。宋明时代的新儒学特别是阳明学，原本就跟外缘的佛学相交相融，而他又专门对印度的精神文化下过功夫，所以到了落笔之际，情不自禁地就要援引参对一番。比如，针对书中的刘宗周语录——“自欺受病，已是出入人兽

1 梁启超：《近世第一大哲康德之学说》，《梁启超哲学思想论文选》，北京：北京大学出版社，1984年，第153页。

关头，更不加慎独之功，转入人伪。自此即见君子，亦不复有厌然情状，一味挟智任术，色取仁而行违。心体至此百碎，进之则为乡愿，似忠信，似廉洁，欺天罔人，无所不至，犹宴然自以为是，全不识人间有廉耻事”（《德育鉴·辨术第一》），他就信笔写下了这样的案语：“蕺山先生此论，言妄、欺、伪三者之辨，最可体认。妄者，犹佛说所谓无明，与真如本体相缘，殆人生所不免。欺则心之矣，然欺焉者，其羞恶之心犹有存焉。伪则安之矣，安之则性之矣。人而至于伪，更无可救，戒哉！”（《德育鉴·辨术第一》）意料之中的是，跟他对康德哲学的判断相似，他也未曾将佛学视作“非我族类”的思想，相反倒是旗帜鲜明地主张：“佛教为最崇贵最圆满之宗教，其大乘教理尤为人类最高文化之产物，而现代阐明传播之责任，全在我中国人。”[1]出于同样的认识，正如一位本院学子所细心发现的：“由于梁启超有着浓重的大乘佛教信仰情节，所以他对《明儒学案》中论儒佛是非、攻击佛学的语录也一概不收……《德育鉴》中没有一条论佛学是非的语录，而且梁启超在案语中多次以佛学来解释儒学义理。”[2]

那么，他的学问究竟是渊博如此，还是驳杂如此？——这

1 梁启超：《为创办文化学院事求助于国中同志》，见夏晓虹辑《饮冰室合集·集外文》，北京：北京大学出版社，2005年，第928页。
2 翟奎凤：《梁启超〈德育鉴〉思想研究》，载《社会科学战线》，2011（10）。

两者或许是兼而有之的，而且它们原就不可截然区分，唯其到了智慧大成之日，可以化合得日益精熟。进一步说，这又究竟是怎样的一种混杂：是无原则的广泛“掉书袋”，还是具有深度的转益多师？——对于这个必然会提出的问题，只需细品梁启超的下述说法，就不难得出相应的答案了：

“大乘之法，悲智双修，与孔子必仁且智之义，如两爪之相印。唯智也，故知即世间即出世间，无所谓净土？即人即我，无所谓众生。世界之外无净土，众生之外无我？故唯有舍身以救众生。佛说：‘我不入地狱，谁入地狱？’孔子曰：‘吾非斯人之徒与，而谁与？’‘天下有道，丘不与易。’故即智即仁焉。既思救众生矣，则必有救之之条理；故孔子治《春秋》，为大同小康之制，千条万绪，皆为世界也，为众生也。舍此一大事，无他事也。华严之菩萨行也，所谓誓不成佛也。《春秋》三世之义，救过去之众生与救现在之众生，救现在之众生与救将来之众生，其法异而不异；救此土之众生与救彼土之众生，其法异而不异；救全世界之众生与救一国之众生、救一人之众生，其法异而不异；此相宗之唯识也。因众生根器，各各不同，故说法不同，而实法无不同也。”[1]

1 梁启超：《戊戌政变记 · 谭嗣同传》，《饮冰室合集 · 专集》（第六册），第11页。

这段话无疑意味着，梁启超想要伸张的佛学，已不属于一般意义上的佛学，而是从儒学的人间、现世和大同的立场，可以去理解吸纳的印度智慧；同样，他想要发扬的国学，也已不属于一般意义上的国学，而是通过康德的“哥白尼式的革命”，而可以进行现代理解的儒家思想。由此，在梁启超那里的儒学、佛学与西学，其实都不表现为僵硬的教条，而是经过头脑主动消化的、在相互理解中达成的重叠意识。——认识到这一点，对于正走投无路的我们是至关重要的，因为共同意识的重叠处，也正是人生智慧的生长处、人间社会的和谐处、整个人生的吃紧处！而我们不断开读这本小书，也正是想要让意识重返此处，以便为危机深重的文明，探得一个重新出发的起点。

曾几何时，那些发明和发展过这些话语的人，和领教与履践过这些话语的人，确曾支撑起中华民族的脊梁。梁漱溟有过这么一段自述，足以让我们从中管窥到，梁启超的《德育鉴》一书问世以后，曾经起到过怎样的历史作用：“《新民丛报》一开头有任公先生著的《新民说》，他自署即曰‘中国之新民’。这是一面提示了新人生观，又一面指出中国社会应该如何改造的；恰恰关系到人生问题、中国问题的双方，切合我的需要，得益甚大。任公先生同时在报上有许多介绍外国某家某家学说的著作，使我得以领会不少近代西洋思想。他还有关于古时周秦诸子以至近世明清大儒的许多论述，意趣新而笔调健，皆足以感发人。此外有《德育鉴》一书，以立志、省察、克己、涵养等分门别类，辑录先儒格言（以宋明为多），而任公自加案语跋识。我对于中国古人学问之最初接触，实资于此。”[1]

就这样，看似温文尔雅的儒学话语，在发展至今的文明进程中，竟能表现为一股绵绵不绝的上升强力。在诵读书中这些书生语录时，读者或会为他们急切的愤世之语感到有些讶异或震撼，——如孔子的下述说法："古者民有三疾，今也或是之亡也。古之狂也肆，今之狂也荡；古之矜也廉，今之矜也忿戾；古之愚也直，今之愚也诈而已矣。"（《论语·阳货第十七》）不过，又正如我刚刚就此写到的，恰是这种来自读书人群体的、慷慨激昂的批判姿态，才构成了过往历史不可或缺的张力："我们无数次地惊呼'世风日下''人心不古'，那么要是从孔子或卢梭那时起一直累积到现在，恐怕早就堕落到类人猿的水平去了吧？可是为什么并没有发生这样的情况？事实上，从来就有两种力量在共同左右着历史进程——下沉的力量和上升的力量。如果没有类似孔子那样的圣哲，挺身而以天下为己任，在文明遭遇严重挑战的紧要关头去收束人心，那么

1 梁漱溟：《我的自学小史》，《梁漱溟全集》第二卷，济南：山东人民出版社，2005年，第682页。

也许人类早就真的失落了。所以你看，我们无数次的对于理想状态的企望，其实并不是一无所获，至少平衡了快速滑落的倾向。”[1]——别的不说，如果没有梁启超当年的疾呼，帮助造就了“厚德载物”的校风，那么一代代“自强不息”的清华人，又何以承担起民族复兴、文明重振的历史使命呢？

坦白地说，自打清华国学院复建伊始，自己就无时不在愧对它那个已“不可复制”的早期神话。——那么，它到底为什么会被公认为“不可复制”呢？说到底还是因为：作为一种总体文化氛围的国学，休要讲在这个以理工为主的清华了，便是在历经磨难的整个神州大地，都已日渐稀薄消散了！遥想当年，早期国学院的大多数学生，当他们有幸簇拥着梁、王、陈、赵时，尚能以知行合一的古风，来校准和塑造自己的进学目的，由此“做学问”对于这些人来说，就既是生命体验又是社会义务，既是开智过程又是践行活动，而无论如何都不会是褊狭鄙俗、充满机心的谋生行当。——可叹的是，居然只是到了连底线都不保的今天，我们才得以醍醐灌顶般地领悟出：其实唯有那不言自明的操行和文化，才是早期国学院的真正谜底，足见梁先生当年挑明的德性问题，即使对清华校园的内部

1 刘东：《不要相信一切号称包治百病的解决方案》，载《新周刊》，2010年8月，第329期。

事务而言，也绝不是不着边际的空论，而是“惟此为大”的要紧事！

不过，又正因为面对着这种尴尬，除了加紧诵读进德之书，也就更无别的什么办法可以帮助我们摆脱当下的困境了。由此，就趁着本文尚未结束，再提供一些阅读的建议吧！梁启超曾在序言中明确讲过：“本编不可以作教科书，其体裁异也。惟有志之士，欲从事修养以成伟大之人格者，日置坐右，可以当一良友。其甄录去取之间，与夫所言进学之涂径次第，及致力受用之法门，自谓颇有一日长。”（《德育鉴·例言》）所以，虽说考虑到当务之急，本院仍把它推荐成了“德育读本”，但大家在开读此书的时候，仍需讲究一点阅读的方法，以防自己不得其门而入，不得不半途而废、浅尝辄止。

具体的建议是，一方面，正因为传统已同现实无情地隔离，包括其惯用的语言表达方式，也难免让一般读者感到陌生，所以大家在开卷之初，最好能找到较有古典基础的老师，至少先从字面上领读一下，以建立进一步反复咀嚼的基础。比如，本书下分了“辨术”“立志”“知本”“存养”“省克”“应用”六编，而这种划分也就提供了一个自然的节奏，使大家可以集中六个单位时间，去依次或轮流进入其中的一个话题，先至少把大致的语意分说清楚；而且，对于本书各编所收的先哲语录，领读者也可根据语言水平和思想层次，进行一定程度的因材施教。

而另一方面，更加要紧的是，尽管有可能存在上述的语言障碍，然而在任何时候和任何情况下，都切不可去让哪一位小秀才，先替大家把本书中的文字，翻译成虽则简易却必然失真的现代汉语；否则的话，此种贪图省事的偷懒方法，到头来只会使大家跟古代圣贤再度失之交臂。而在这个前提之下，大家又最好像梁先生建议的那样，坚持“日就月将”的积累过程，将此书当作方便阅读的“口袋书”，以充分利用各种时间的间隙，无论是在睡前、醒后、枕上、车上，都可以不失时机地把它掏出来，哪怕只是取一小段来含英咀华，却务要将意识相对长久地留驻于此，让它跟当下所凸显的重大问题，构成充满紧张感的比照对勘，以便渐能在自己的心灵深处，借助于古今中外的汇集交融，建立起基本的道德判断力。

前文已经讲到，中国文化最重要的特征，就是有一套作为其基调和特色的学术话语，在千百年里不间断地被接续研讨和讲谈着。实际上，《德育鉴》一书所集中反映的，也正是这样一种贯穿文明始终的“接着讲”进程，以至于从孔孟到程朱陆王，到康梁，一直来到我们自己……因此，只要这种学术话语命不当绝，只要中国文化尚未走到尽头，它就必然包含着对后学的无尽期许，要求把这种讲谈活动继续延伸下去，不光延续到我们，还要延续到我们的后人，以及我们后人的后人，——而且不仅要“接着讲”，还更要进一步去“对着讲”；甚至不光要跟古代的西学（佛学）“对着讲”，还更要跟当今的西学“对着讲”。我们相信，正是在这种持续的学术对话中，人类社会中相反相成的两种力量，即收束与开放、聚敛与流失、天理与人欲、良知与功利、利他与利己、好古与尚今，才会在文明内部构成良性的张力。而且，又只有让这种张力保持下去，才能自然而然水到渠成地，在我们的研讨与讲谈之中，缓缓流淌出中国文化的现代形态，乃至于中国文化的未来形态。

2011年7月11日于清华园立斋

校注说明[1]

一、《德育鉴》为梁启超1905年所编著，全书以“辨术”“立志”“知本”“存养”“省克”“应用”为目，分为六编。每编前有梁启超对此条目的简单说明，正文则主要从《明儒学案》《宋元学案》以及四书、五经中精心摘录出历代大儒关于德育的重要论说，在大儒语录后梁启超还时常加以案语作进一步发挥。

二、据初步统计，《德育鉴》收有约65位历代大儒的语录421条，其中明代的理学家（约有53位）占绝大多数；梁启超的案语有102条。引用频率最高的前十位理学家分别是：王阳明（46次）、刘宗周（34次）、罗洪先（24次）、程颢（20次）、朱熹（20次）、程颐（18次）、陆九渊（16次）、王畿（16次）、曾国藩（12次）、吕坤（9次）。

---

1 此篇说明及正文中的脚注，均由翟奎凤于2011年执笔，作者时为清华大学国学研究院博士后，现任山东大学儒学高等研究院教授。

三、本校注以1905年《新民丛报》第二次临时增刊本《德育鉴》为底本（简称增刊本），以《饮冰室合集》本之《德育鉴》为参校本（简称合集本）。

四、对《德育鉴》原文所收宋明理学家语录的校对，主要参考了《明儒学案》（北京：中华书局，1985年）和《宋元学案》（北京：中华书局，1996年）。

五、这些语录大部分和《明儒学案》《宋元学案》的原出处完全一致，但也有不少语录和原出处有一定出入。如梁启超有时会分别从原文相邻或相关的一些段落杂抄出一些句子组合在一起，这种情况不再出注说明。有时在一个完整的段落中，梁启超会有意省略某些句子，有的梁启超会自注出“中略”字样，有的不出注。有省文而梁启超本人不出注的情况，有的可以看出似乎是梁启超有意省略的；有的则是无意省略的，而且省略的句子影响到原文的阅读和理解，这种情况我们会直接在《德育鉴》原文中把这些省略的句子补充上。

六、个别的字词和原出处有差别，有些可以看出是明显的笔误和错误，这种情况，我们直接改正之，不再出注说明。有些脱落的字词，影响到原文的阅读理解，也直接补上。

七、本着简洁的原则，文中尽量少出注解，只对某些格言名句注出原典出处，对某些生僻的术语和字词给出简单注解。

八、《德育鉴》是在《节本明儒学案》基础上完成的。《节本明儒学案》中一些重要语录有梁启超的点评，这些语录多为《德育鉴》所收。为增强《德育鉴》的可读性，我们在《德育鉴》的脚注中注出梁启超在《节本明儒学案》中的相关点评。

例　言

鄙人关于德育之意见，前所作《论公德》《论私德》两篇[1]既已略具，本书即演前文宗旨，从事编述。

《记》有之，有“可得与民变革者”，有“不可得与民变革者”[2]。窃以为道德者，不可得变革者也。近世进化论发明，学者推而致诸各种学术，因谓即道德亦不能独违此公例。日本加藤弘之[3]有《道德法律进化之理》一书，即此种论据之崖略也。徐考所言，则仅属于伦理之范围，不能属于道德之范围（道德之范围，视伦理较广。道德可以包伦理，伦理不能尽道德），藉曰道德，则亦道德之条件，而非道德之根本也。

1《论公德》《论私德》分别为梁启超于1902—1903年期间所著《新民说》之第五节和第十八节。

2 见《礼记·大传》:“立权度量，考文章，改正朔，易服色，殊徽号，异器械，别衣服，此其所得与民变革者也。其不可得变革者则有矣：亲亲也，尊尊也，长长也，男女有别，此其不可得与民变革者也。”

3 加藤弘之（1836—1916），日本政治学家。历任东京帝国大学校长、帝国学士院院长、贵族院议员、枢密院顾问官。明治维新后宣传立宪政治。哲学上，自称“一元主义”，认为宇宙是物质与能力的混合体。政治学上，提倡社会有机体说，鼓吹国家主义，制造对外侵略理论。《道德法律进化之理》发表于1900年。

若夫道德之根本，则无古无今、无中无外而无不同。吾尝闻之子王子之言矣，曰："良知之于节目事变，犹规矩尺度之于方圆长短也。节目事变之不可预定，犹方圆长短之不可胜穷也。故规矩诚立，则不可欺以方圆。而天下之方圆，不可胜用矣。尺度诚陈，则不可欺以长短，而天下之长短不可胜用矣！良知诚致，则不可欺以节目事变，而天下之节目事变不可胜应矣！"夫所谓今之道德当与古异者，谓其节目事变云尔。若语于节目事变，则岂惟今与古异，抑且随时随地、随事随人，在在而皆可异。如人民服从政府，道德也；人民反抗政府，亦道德也：则因其政府之性质如何，而所以为道德者异。缄默谨言，道德也；游说雄辩，亦道德也：则因其发言之目的如何，而所以为道德者异。宽忍包荒，道德也；竞争权利，亦道德也：则因其所对之事件如何，而所以为道德者异。节约俭苦，道德也；博施挥霍，亦道德也：则因其消费之途径如何，而所以为道德者异。诸如此者，其种类恒河沙数，累万纸而不能尽也。所谓道德进化论者，皆谓此尔。虽然，此方圆长短之云，而非规矩尺度之云也。若夫本原之地，则放诸四海而皆准，俟诸百世而不惑，孔子所谓一以贯之矣。故所钞录学说，惟在治心治身之要。若夫节目事变，则胪举难殚。恃原以往，应之自有余裕耳。

公德、私德，为近世言德育者分类之名词。虽然，此分类亦自节目事变方面观察之，曰某种属于公之范围，某种属于私之范围耳。若语其本原，则私德亏缺者，安能袭取公德之嬍名？而仅修饰私德而弁髦[1]公德者，则其所谓德已非德。何以故？以德之定义与公之定义常有密切不能相离之关系故。今所钞录，但求诸公私德所同出之本。若其节目，则刘蕺山《人谱》及东人所著《公德美谈》之类，亦数倍此编之卷帙，不能尽耳。

本编所钞录，全属中国先儒学说，不及泰西，非敢贱彼贵我也。浅学如鄙人，于泰西名著，万未窥一。凭借译本，断章零句，深惧灭裂以失其真，不如已已。抑象山有言，东海西海，有圣人出焉，此心同也，此理同也。治心治身，本原之学，我先民所以诏我者，实既足以供我受用而有余。孔子曰“知及之，仁守之”；又曰“得一善，则拳拳服膺而不失”。窃谓守而不失，然后其物乃在我。否即博极寰海，亦口耳四寸之间耳。语曰：“岂卖菜也，而求添乎？”守为道日损之义，虽见诮固陋，所不敢辞。

本编不可以作教科书，其体裁异也。惟有志之士，欲从

1 弁：黑布冠。髦：垂发。古时贵族子弟行加冠礼，先用黑布冠把垂发束好，三次加冠后就丢弃不用了。比喻毫不可惜地扔掉无用的东西。

事修养以成伟大之人格者，日置坐右，可以当一良友。其甄录去取之间，与夫所言进学之涂径次第，及致力受用之法门，自谓颇有一日长。不然，安取剿说以祸枣梨也？若夫学校用本，尚思别述。杀青之期，不敢言耳。

乙巳十一月，著者识

题解一　为什么要返求旧道德？

一方面，过去几十年所宣扬的“破旧立新”，显然是提出了更高的“道德标准”，而传统的价值也便随之被弃如敝屣。可另一方面，又正因太过执迷“破字当头，立也就在其中了”，反而导致人心更加撕裂、更加败坏，往往像是回到了霍布斯的“丛林时代”。也是唯其如此，我们才能设身处地地体谅到，梁启超在呼唤过“新道德”之后，何以又回到了《德育鉴》的编选中，而情不自禁地呼唤起“旧道德”来。

（刘东：《德教释疑》[1]第一章）

1 刘东：《德教释疑》，南京：译林出版社，2022年。

题解二　有无公德与私德之分？

透过《新民说》的末节和《德育鉴》的例言，我们可以为之庆幸地看到，梁启超终究是把视角越拓越宽了，把问题越看越清了，而且把态度也越摆越中正了。就此而言，我们与其说他到了这里，是在呼吁返求各自的“私德”，倒不如说他到了这里，是在呼吁返求道德的“本心”，或者说，他是借着“私德”这样的名义，去探讨亘古不变的“元伦理学”，寄望于在故有“美德”的基础上，去建立融会了中西之长的、足以长治久安的善好社会。

（刘东：《德教释疑》第二章）

辨术第一

术者何？心术之谓也。孟子称“仁术”，谓有是术然后体用乃有可言也；又曰：“羿之教人射，必志于彀；学者亦必志于彀。”[1]不有彀以为之闲，学皆伪学矣。述辨术第一。

古之学者为己，今之学者为人。(《论语》)

君子求诸己，小人求诸人。(《论语》)

古之学者为己，欲得之于己也；今之学者为人，欲见知于人也。(程明道　颢)

古之学者为己，其终至于成物；今之学者为物，其终至于丧己。(程伊川　颐)

启超案：《论语》此二章，学者视为老生常谈，习焉不察久矣。实则为学不于此源头勘得确实，直是无用力

---

1 见《孟子·告子上》。志：期望。彀（gòu）：拉满弓。

处。二程之解释最当。

君子喻于义，小人喻于利。(《论语》)

凡欲为学，当先识义利、公私之辨。今所学果为何事？人生天地间，为人自当尽人道，学者所以为学，学为人而已，非有为也。(陆象山　九渊)

学者须是打叠田地净洁，然后令他奋发植立。若田地不洁净，则奋发植立不得。古人为学，即读书然后为学可见。然田地不洁净，亦读书不得；若读书则是假寇兵、资盗粮。(陆象山)

入道之路，莫切于公私、义利之辨，念虑之兴，当静以察之。舍此不治，是犹纵盗于家，其余无可为力矣。(方正学　孝孺)

今人为学，多在声价上做，如此，则学时已与道离了，费尽一生工夫，终不可得道。(胡敬斋)

数年切磋，只得立志、辨义利，若于此未有得力处，却是平日所讲，尽成虚话，平日所见，皆非实得。(王阳明　守仁)

学绝道丧，俗之陷溺，如人在大海波涛中，且须援之登岸，然后可授之衣而与之食。若以衣食投之波涛中，是适重

其溺也。（王阳明）

学绝道丧之余，苟有兴起向慕于学者，皆可以为同志，不必铢称寸度而求其尽合于此，以之待人可也。若在我之所以为造端立命者，则不容有毫发之或爽矣。（中略）今古学术之诚伪邪正，何啻碔砆[1]美玉，有眩惑终身而不能辨者，正以此道之无二，而其变动不拘，充塞无间，纵横颠倒，皆可推之而通。世之儒者，各就其一偏之见，而又饰之以比拟仿像之功，文之以章句假借之训，其为习熟既足以自信，而条目又足以自安，此其所以诳己诳人，终身没溺而不悟焉耳。然其毫厘之差而乃致千里之谬，非诚有求为圣人之志，而从事于惟精惟一之学者，莫能得其受病之源而发其神奸之所由伏也。若某之不肖，盖亦尝陷溺于其间者几年，伥伥然既自以为是矣。赖天之灵，偶有悟于良知之学，然后悔其向之所为者，固包藏祸机，作伪于外，而心劳日拙者也。十余年来，虽痛自洗剔创艾，而病根深痼，萌蘖时生。所幸良知在我，操得其要，譬犹舟之得舵，虽惊风巨浪，颠沛不无，尚犹得免于倾覆者也。夫旧习之溺人，虽已觉悔悟，而其克治之功尚且其难若此，又况溺而不悟，日益以深者，亦将何所

1 碔砆（wǔ fū）：似玉之石。

抵极乎？（王阳明）

《论语》所谓异端者[1]，谓其端异也。吾人须研究自己为学初念，其发端果是为何，乃为正学。今人读孔孟书，只为荣肥计，便是异端。（夏廷美）

圣门教人求仁，无甚高远，只是要人不坏却心术。狂狷是不坏心术者，乡愿是全坏心术者。（钱启新　一本）

启超谨案：居今日而与学者言义利之辨，无论发心体认者渺不可得，但求其不掩耳却走者，盖千百中无一矣。何也？所谓权利思想，所谓功利主义，既已成一绝美之名词，一神圣之学派。今乃举其与彼平昔所服膺最反对之学说而语之，匪直以为迂，且以为妄耳。吾今为一至浅之解释以勘之，先哲所谓义者，诚之代名词耳；所谓利者，伪之代名词耳。吾辈今日之最急者，宜莫如爱国，顾所贵乎有爱国之士者，惟其真爱国而已。苟伪爱国者盈国中，试问国家前途，果何幸也？骤执一人而语之曰“尔之爱国伪也”，未有不艴然怒者，而究其极，果为真为伪，苟非内自鞫之，而他人安能察也？试自鞫焉，吾知其中必有两种人：其一，则本无爱国之心，而以此口头禅可以自炫于天

1 见《论语·为政第二》：“子曰：攻乎异端，斯害也已。”

下，冒之以为名高也，此明察其伪而安之者也；其一，则受风潮之刺激，闻先觉之警导，其爱国心激发于一时，自问现在之一念，似未尝杂以伪者存，而此念之果能确实久持与否，在我抑未能自信也。由前之说，则自暴自弃，甘于为小人，不足责矣；由后之说，则吾将来或成就一真爱国者，或成就一伪爱国者，其几甚微而用力不可以不豫也。吾侪无论何人，于并时朋辈中，或其所交者，或其所闻者，必尝有数人焉。在数年前，自命为爱国志士，同人亦公认其为爱国志士，而今也，或以五六七品之头衔、百数十金之薪俸，而委蛇以变其节也；或征歌选色于都会，武断盗名于家乡，而堕落不可复问也，则必指名戟手而唾之曰："某也某也，其平昔所谈爱国皆伪也！"设其时，有旁人语我曰"数年以后，恐足下其亦如彼"，则我必艴然怒也。庸讵知彼辈自始固非尽出于伪，如吾所谓自暴自弃、甘心为小人也。其数年前受风潮之刺激，闻先觉之警导，而忽然激发其一念之热诚，犹吾今日也。顾何以今竟若此，则以承数百年学绝道丧之余，社会之腐败已极，自其未出胎之始，已受种种污恶之遗传性，又自孩提稍有知识以迄于弱壮，其浸染于无形之恶教育者，至深且厚。及其受风潮之激刺，闻先觉之警导，而忽焉有此一念之热诚，正乃孟子之所谓外铄[1]。而前此种种之恶根，与此一念正成反比例者，卒未之能拔。及其一旦离学界以入于他种之社会，则其社会又自有其种种之恶现象相与为缘，而与前此所留之恶根，如电斯感，如芥斯投，故不转瞬而所谓此一念之热诚者，乃如洪炉点雪，销归无有也。吾侪自问视阳明先生何如？以阳明先生之大贤，犹曰“十余年痛自洗剔创艾，而病根深痼，萌蘖时生”，而吾侪谓一时受刺激、闻警导所发之热诚，遽足以自信，多见其不知量也。诚如是也，则我今日所指名唾骂之夫己氏，安保其不为数年后我躬之化身也？今欲免之，其道何由？亦曰于陆子所谓“打叠田地洁净”，王子所谓“援之登岸”者，痛加工夫而已。以孔子之言言之，则为己也，喻义也。此关不勘得真，不操得熟，则终是包藏祸机，终是神奸攸伏，他日必有夺其宫而坠诸渊者。安得不惧！安得不勉！

先师讲学山中，一人资性警敏，先生漫然视之，屡问而不答；一人不顾非毁，见恶于乡党，先师与之语，竟日忘

1 外铄，出自《孟子・告子上》“仁义礼智，非由外铄我也，我固有之也”。孟子持性善论的观点，认为仁义礼智是人性内在本有的天赋道德意识，教育不过是将内在本有的道德意识扩充完善起来而已。

倦。某疑而问焉，先师曰："某也资虽警敏，世情机心，不肯放舍，使不闻学，犹有败露悔改之时，若又使之有闻，见解愈多，趋避愈巧，覆藏愈密，一切圆融智虑，为恶不可复悛矣。某也原是有力量之人，一时狂心，销遏不下，今既知悔，移此力量为善，何事不办？此待两人所以异也。"（王龙溪 畿。先师指阳明）

孟源有自是好名之病，先生喻之曰："此是汝一生大病根。譬如方丈地内，种此一大树，雨露之滋，土脉之力，只滋养得这个大根；四旁纵要种些嘉谷，上被此树遮覆，下被此树盘结，如何生长得成？须是伐去此树，纤根勿留，方可种植嘉种。不然，任汝耕耘培壅，只滋养得此根。"（《传习录》。先生指阳明）

启超谨案：象山所谓田地不洁净，则读书为借寇兵、资盗粮；阳明所谓投衣食于波涛，只重其溺。以此二条参证之，更为博深切明。盖学问为滋养品，而滋养得病根，则诚不如不滋养之为愈。趋避巧而复藏密，皆非有学问者不能，然则学问果借寇兵、资盗粮也。近世智育与德育不两立，皆此之由。

圣人之学日远日晦，而功利之习愈趋愈下。其间虽尝瞽惑于佛老，而佛老之说卒亦未能有以胜其功利之心；虽又尝折衷于群儒，而群儒之论终亦未能有以破其功利之见。盖至于今，功利之毒沦浃于人之心髓，而习以成性也几千年矣。相倾以知，相轧以势，相争以利，相高以技能，相取以声誉。（中略）记诵之广，适以长其敖也；知识之多，适以行其恶也；闻见之博，适以肆其辩也；辞章之富，适以饰其伪也。是以皋、夔、稷、契所不能兼之事，而今之初学小生皆欲通其说、究其术。其称名借号，未尝不曰“吾欲以共成天下之务”，而其诚心实意之所在，以为不如是则无以济其私而满其欲也。呜呼！以若是之积染，以若是之心志，而又讲之以若是之学术，宜其闻吾圣人之教，而视之以为赘疣枘凿，则其以良知为未足，而谓圣人之学为无所用，亦势有所必至矣！（王阳明）

启超谨案：王子此言，何其淋漓沉痛一至于是！读之而不羞恶、怵惕、创艾、奋发者，必其已即于禽兽者也！其所谓称名借号曰“吾欲以成天下之务”，而诚心实意乃以济其私而满其欲，吾辈不可不当下返观，严自鞫讯曰：若某者，其能免于王子之所诃乎？若有一毫未能自信也，则吾之堕落，可计日而待也。夫以王子之时，犹曰此毒沦浃心髓既已千年，试问今之社会，视前明之社会何如？前明讲学之风遍天下，搢绅之士日以此义相激厉，而犹且若是，况于有清数百年来，学者公然以理学为仇敌，以名节为赘疣？及至今日，而翻译不真、首尾不具之新学说搀入之，我辈生此间，其自立之难，视王子时又十倍焉。非大豪杰之士，其安能脱此罗网，以自淑而淑世耶？

妄意于此，二十余年矣，亦尝自矢，以为吾之于世无所厚取，自欺二字，或者不至如人之甚。而两年以来，稍加惩艾，则见为吾之所安而不惧者，正世之所谓大欺，而所指以为可恶而可耻者，皆吾之处心积虑，阴托之命而恃以终身者也。其使吾之安而不惧者，乃先儒论说之余，而冒以自足，以知解为智，以意气为能，而处心积虑于可耻可恶之物，则知解之所不及，意气之所不行，觉其缺漏，则蒙以一说，欲其宛转，则加以众证。先儒论说愈多，而吾之所安日密，譬之方技俱通而痿痹不恤，搔爬能周而痛痒未知，甘心于服鸩而自以为神剂，如此者不知日凡几矣。呜呼！以是为学，虽日有闻，时有习，明师临之，良友辅之，犹恐成其私也。况于日之所闻，时之所习，出入于世俗之内，而又无明师良友之益，其能免于前病乎？夫所安者在此，则惟恐人或我窥；所蒙者在彼，则惟恐人不我与。托命既坚，固难于拔除；用力已深，益巧于藏伏。于是，毁誉得失之际，始不能不用其情。此其触机而动，缘衅而起，乃余症标见，所谓已病不治者也。且以随用随足之体，而寄寓于他人口吻之间，以不加不损[1]之真，而贪窃于古人唾弃之秽。至乐不寻，而伺人之颜色以为欣戚；大宝不惜，而冀时之取予以为歉盈。如失路人之志归，如丧家子之丐食，流离奔逐，至死不休，孟子之所谓“哀哉！”[2]（罗念庵　洪先）

启超谨案：念庵先生者，王门之子路也，王学之光辉笃实，惟先生是赖。此段自叙用力，几经愤悱，与前所钞阳明语“学绝道丧之余”一段参观，可见昔贤自律之严、用功之苦，而所谓打叠田地工夫，真未易做到也。其所云“觉其缺漏，则蒙以一说；欲其宛转，则加以众证”，“托命既坚，固难于拔除；用力已深，益巧于藏伏”，此直是勘心入微处。自讼之功，行之者既寡。即行矣，而讼而能胜，抑且非易。盖吾方讼时，而彼旧习之蟠结于吾心者，又常能聘请许多辩护士，为巧说以相荧也。噫，危哉！

---

1 见《孟子 · 离娄下》：“君子所性，虽大行不加焉，虽穷居不损焉，分定故也。”意思是说，君子的本性，纵使他的理想通行于天下并不因此而增，纵使穷困隐居并不因此而减，因为本分已经固定了。

2 见《孟子 · 离娄上》“孟子曰：‘仁，人之安宅也；义，人之正路也。旷安宅而弗居，舍正路而不由，哀哉！’”及《孟子 · 告子上》“孟子曰：‘仁，人心也；义，人路也。舍其路而弗由，放其心而不知求，哀哉！’”

李卓吾倡为异说，破除名行，楚人从者甚众，风习为之一变。刘元卿问于先生曰："何近日从卓吾者之多也？"曰："人心谁不欲为圣贤？顾无奈圣贤碍手耳。今渠谓酒色财气，一切不碍，菩提路[1]有此便宜事，谁不从之？"（邹颍泉　善。颍泉，东廓之子也）

启超谨案：今世自由、平等、破坏之说，所以浸灌全国，速于置邮者，其原因正坐是，皆以其无碍手也。然卓吾谓酒色财气不碍焉耳，未尝必以酒色财气为圣贤也，而自由、平等、破坏，则以为豪杰志士之鹄焉。此正阳明所谓其习熟既足以自信，而条目又足以自安也。故昔之陷溺利欲、弁髦私德者犹自惭焉，今则以为当然。岂徒以为当然，且凡非如是者，不足以为豪杰。呜呼，是非之心与羞恶之心俱绝，相率而禽兽矣！

学者以任情为率性，以媚世为与物同体，以破戒为不好名，以不事检束为孔颜乐地，以虚见为超悟，以无所用耻为不动心，以放其心而不求为未尝致纤毫之力者，多矣。可叹哉！（王塘南　时槐）

---

1 菩提：梵文音译佛教名词，意"智慧""智觉"，即指对佛理的觉悟。狭义指通向佛教涅槃的道路，广义指凡有超脱世间尘俗，摒绝烦恼，成就涅槃的智慧，通称"菩提"。

启超谨案：此当时学风败坏之点也。今日之学风，其所以自文饰回护之词，虽与此异，然其病正相等。

管东溟曰："凡说之不正，而久流于世者，必其投小人之私心，而又可以附于君子之大道者也。"愚窃谓无善无恶四字当之。何者？见以为心之本体，原是无善无恶也，合下便成一个"空"；见以为无善无恶，只是心之不著于有也，究竟且成一个"混"。"空"则一切解脱，无复挂碍，高明者入而悦之，于是将有如所云：以仁义为桎梏，以礼法为土苴，以日用为缘尘，以操持为把捉，以随事省察为逐境，以讼悔迁改为轮回，以下学上达为落阶级，以砥节砺行、独立不惧为意气用事者矣。"混"则一切含糊，无复拣择，圆融者便而趋之，于是将有如所云：以任情为率性，以随俗袭非为中庸，以阉然媚世为万物一体，以枉寻直尺为舍其身济天下，以委曲迁就为无可无不可，以猖狂无忌为不好名，以临难苟安为圣人无死地，以顽钝无耻为不动心者矣。由前之说，何善非恶？由后之说，何恶非善？是故欲就而诘之，彼其所占之地步甚高，上之可以附君子之大道；欲置而不同，彼其所握之机缄甚活，下之可以投小人之私心。即孔孟复作，亦奈之何哉？（顾泾阳　宪成）

启超谨案：此为矫正王龙溪之说而发也。龙溪为阳明高第弟子，而其学有所转手，其言曰："心亦无善而无恶，意亦无善而无恶，知亦无善而无恶，物亦无善而无恶。"王学末流之敝实自此，故晚明儒者多矫正之。今则此种口头禅固无有矣，而破坏之说正与此类，言破坏者，动曰一切破坏，而旧道德尤其所最恶也。一言蔽之，则凡其所揭橥者，皆投小人之私心，而又可以附于君子之大道而已。

圣人所以为圣，精神命脉全体内用，不求知于人，故常常自见己过，不自满假，日进于无疆。乡愿惟以媚世为心，全体精神尽从外面照管，故自以为是，而不可与入尧舜之道。（王龙溪）

乡党自好与贤者所为，分明是两路径。贤者自信本心，是是非非，一毫不从人转换。乡党自好，即乡愿也，不能自信，未免以毁誉为是非，始有违心之行，徇俗之情。虞廷观人，先论九德，后及于事，乃言曰"载采采"，所以符德也。善观人者，不在事功名义格套上，惟于心术微处，密窥而得之。（王龙溪）

门人叹先生自征宁藩以来，天下谤议益众。先生曰："我在南都以前，尚有些子乡愿意思在。今信得这良知真是真非，信手行去，更不着些覆藏，才做得个狂者胸次，故人都说我行不掩言也。”（《传习录》。先生指阳明）

先师自云：“吾龙场以前，称之者十之九。鸿胪以前，称之者十之五，议之者十之五。鸿胪以后，议之者十之九矣。学愈真切，则人愈见其有过。前之称者，乃其包藏掩饰，人故不得而见也。”（王龙溪。先师指阳明）

启超谨案：孔子恶乡愿，孟子释之曰“恐其乱德”，诚以伪善之足以蠹社会也。龙溪解释乡愿与圣贤之别，最为博深切明，而阳明自述进学之次第，其早岁、中年且不免此，然则古今能免者几人耶？阳明自道之而不讳，此其所以异于乡愿也。

夏廷美听张甑山讲学，谓：“为学，学为人而已。为人须求为真人，毋为假人。”廷美怃然曰：“吾平日为人，得毋未真耶？”

启超谨案：吾侪平日为人，得毋未真耶？

启超又案：以上所钞，皆言辨术之功，不可以已也。

所谓诚其意者，毋自欺也。（《大学》）

学只要鞭辟近里，著己而已。（程明道）

刊落声华，务于切已处著实用力。（王阳明）

“学要鞭辟近里著已”，“君子之道，暗然而日章”，“为名与为利，虽清浊不同，然其利心则一”。（王阳明）

仆近时与朋友论学，惟说立诚二字。杀人须就咽喉上著刀，吾人为学，当从心髓入微处用力，自然笃实光辉。虽私欲之萌，真是红炉点雪，天下之大本立矣。若就标末妆缀比拟，凡平日所谓学问思辨者，适足以为长傲遂非之资，自以为进于高明光大，而不知陷于狼戾险嫉，亦诚可哀也已！（王阳明）

使在我果无功利之心，虽钱谷兵甲，搬柴运水，何往而非实学？何事而非天理？况子、史、诗、文之类乎？使在我尚有功利之心，则虽日谈道德仁义，亦只是功利之事，况子、史、诗、文之类乎？一切屏绝之说，犹是泥于旧闻，平日用功，未有得力处。（王阳明）

学者大患，在于好名。今之称好名者，类举富贵夸耀以为言，抑末矣。凡其意有为而为，虽其迹在孝弟、忠信、礼义，犹其好名也，犹其私也。古之学者，其立心之始，即务去此。（徐曰仁　爱）

“无所为而为”五字是圣贤根源，学者入门念头，就要在

这上做。今人说话，第二三句便落在有所为上，只为毁誉利害心脱不去，开口便是如此。（吕心吾　坤）

启超谨案：学者闻辨术之说，莫不以为迂，但今试问：苟有所为而言爱国，尚足为爱国矣乎？故曰："立心之始，即务去此。"不去此则率天下而伪也。

千古学术，只在一念之微上求。生死不违，不违此也；日月至，至此也。（王龙溪）

虽在千百人中，工夫只在一念微处；虽独居冥坐，工夫亦只在一念微处。（钱绪山　德洪）

心迹未尝判，迹有可疑，毕竟其心尚有不能尽信处。自信此生决无盗贼之心，虽有褊心之人，亦不以此疑我；若自信功名富贵之心与决无盗贼之心一般，则人之相信，自将不言而喻矣。（王龙溪）

处事原属此心，心有时而不存，即事亦有时而不谨，所谨者在人之可见闻耳。因见闻而后有著力，此之谓为人，非君子反求诸己之学也。（罗念庵）

学者不知一念之差，已为跖之徒也，故视得志之人负于国家，往往窃叹之。岂知己之汲汲营利是其植根，而得志之时，不过成就结果之耳。（潘雪松）

天命流行，物与无妄[1]。妄者真之似者也，古人恶似而非，似者，非之微者也。道心惟微，妄即依焉，依真而立，即托真而行。有妄心，斯有妄形，因有妄解释、妄名理、妄言说、妄事功，以此造成妄世界。妄者，亡也，故曰："罔之生也，幸而免。"人心自妄根受病以来，自微而著，益增泄漏，遂受之以欺。欺与慊对，言亏欠也。《大学》首严"自欺"[2]，自欺犹云亏心。心体本是圆满，忽有物以撄之，便觉有亏欠处。自欺之病，如寸隙当堤，江河可决。（刘蕺山　宗周）

自欺受病，已是出入人兽关头，更不加慎独之功，转入人伪。自此即见君子，亦不复有厌然情状，一味挟智任术，色取仁而行违。心体至此百碎，进之则为乡愿，似忠信，似廉洁，欺天罔人，无所不至，犹宴然自以为是，全不识人间有廉耻事。充其类为王莽之谦恭，冯道之廉谨，弑父与君，皆由此出。故欺与伪虽相去不远，而罪状有浅深，不可一律论。近世士大夫受病，皆坐一伪字。求其止犯欺者，已是好根器，不可多得。（刘蕺山）

启超谨案：蕺山先生此论，言妄、欺、伪三者之辨，最可体认。妄者，犹佛说所谓无明，与真如本体相缘，殆

1 "物与无妄"见《周易·无妄》卦《彖传》："天下雷行，物与无妄；先王以茂对时育万物。"
2《礼记》原文《大学》篇经文后以"所谓诚其意者，毋自欺也"为传文之首。

人生所不免。欺则心之矣，然欺焉者，其羞恶之心犹有存焉。伪则安之矣，安之则性之矣。人而至于伪，更无可救，戒哉！

今为学者下一顶门针，即“向外驰求”四字，便做成一生病痛。吾侪试以之自反，无不悚然汗浃者。凡人自有生以来，耳濡目染，动与一切外物作缘，以是营营逐逐，将全副精神，都用在外，其来旧矣。学者既有志于道，且将从来一切向外精神，尽与之反复身来，此后方有下手工夫可说。须知道不是外物，反求即是，故曰：“我欲仁，斯仁至矣。”无奈积习既久，如浪子亡家，失其归路。即一面回头，一面仍住旧时缘，终不知在我为何物。自以为我矣，曰吾求之身矣，不知其为躯壳也；又自以为我矣，曰吾求之心矣，而不知其为口耳也；又自以为我矣，曰吾求之性与命矣，不知其为名物象数也。求之于躯壳，外矣；求之于口耳，愈外矣；求之于名物象数，外之外矣。所为一路向外驰求也。所向是外，无往非外，一起居焉外，一饮食焉外，一动静语默焉外，时而存养焉外，时而省察焉外，时而迁善改过焉外，此又与于不学之甚者也。是故读书则以事科举，仕宦则以肥身家，勋业则以望公卿，气节则以邀声誉，文章则以谀听闻，何莫而非向外之病乎？学者须发真实为我心，每日孜孜汲汲，只干办在我家当，身是我身，非关躯壳；心是我心，非关口耳；性命是我性命，非关名物象数。于此体认亲切，自起居食息以往，无非求在我者。及其求之而得，天地万物，无非我有矣。总之，道体本无内外，而学者自以所向分内外。所向在内，愈寻求，愈归宿，亦愈发皇，故曰："君子之道，暗然而日章。"所向在外，愈寻求，愈决裂，亦愈消亡，故曰："小人之道，的然而日亡。"学者幸早辨之。（刘蕺山）

启超谨案：以上所钞，皆示学者以辨术下手工夫。先哲所言关于此事者尚多，要之讲到真学术，千言万语，不过归著于此。此不过录其最痛切者耳，而学者或疑焉，曰："专标为己为学的，岂不近于独善其身？提挈过重，则学将为无益于世矣？"应之曰：不然。孔子所谓为己，与杨朱所谓为我者全异。为己者，欲度人而先自度也。苟无度人之心，则其所以自度者，正其私也。而先哲所谓一念之微处，不可问也。故《传习录》又云："释氏只是一统事，成就一个私己的心也。"（阳明此语却非能见佛学真相者。今引之，但以证先哲所谓为己之说，正与成物不能相离而已。）然不能自度而言度人，正恐人之未度，而已先陷溺。又复借度人之口头禅语，以自饰其污秽充塞之心地。阳明所谓诳己诳人、终身而不悟者，举国中多是此等人，宁为国之福乎？孔子曰："是固恶乎佞者。"[1]其引此说以难昔贤辨术之要旨者，皆佞而已矣。

为学莫先于辨诚伪，苟不于诚上立脚，千修万修，只做得禽兽路上人。（刘蕺山）

世人无日不在禽兽中生活，但以市井人观市井人，彼此不觉耳。（刘蕺山）

启超谨案：此两条最痛切，勿视为媖俗之言。

有友问："三代之下惟恐不好名，名字恐未可抹坏。"王金如云："这是先儒有激之言。若论一名字，贻祸不是小小。"友谓："即如今日之会，来听者亦为有好名之心耳。即此一念，便亦足取。"先生曰："此语尤有病。这会若为名而起，是率天下而为乱臣贼子，皆吾辈倡之也，诸友裹足而不可入斯门矣。"友又谓："大抵圣贤学问，从自己起见。豪杰建立事业，则从勋名起见。无名心恐事业亦不成。"先生曰："不

1 见《论语・先进第十一》："子路使子羔为费宰，子曰：'贼夫人之子。'子路曰：'有民人焉，有社稷焉。何必读书，然后为学。'子曰：'是故恶夫佞者。'"

要错看了豪杰。古人一言一动，凡可信之当时，传之后世者，莫不有一段真至精神在内。此一段精神，所谓诚也。惟诚故能建立，故足不朽。稍涉名心，便是虚假，便是不诚。不诚则无物，何从生出事业来？”（刘蕺山）

启超谨案：此言真乃勘析入微，我辈所当常目在之也。名誉心本是导人奋发卓立之一法门，但所谓名誉心者，与好名自有大别。如战国时之武士，苟有损其勇名，则宁以身殉之。所谓宁牺牲生命，毋牺牲名誉，此即所谓名誉心也。今日本此风特盛，西人亦多有之，孔子所谓“知耻近乎勇”也。若乃好名者则异是，彼其最终之目的则利益，而名誉不过间接之目的而已。一旦名誉与利益不能两存，则彼所愿牺牲者，于彼乎？于此乎？利益且然，遑论生命？此安可目之曰名誉心也？蕺山所谓“从来豪杰能成一事业，莫不有一段真至精神在内”，可谓千古名言，西人所谓“烟士披里纯”[1]也。其志愿注此一事，目非是无见，耳非是无闻，心非是无虑，举人间世最可歆羡之事，不足以易其志；举人间世最困危之事，不足以夺其志。夫是以诚而能动也。而不然者，而谓能生出事业来，未之前

1“烟士披里纯”：民国时期“inspiration”的汉语音译名，指精神、灵感、能动的创造性。

闻也。蕺山曰："这会若为名而起，则率天下为乱贼者，皆吾辈倡之。"今日之会亦多矣，倡焉者与从焉者，其亦于此一勘焉否也？更申言之，则专问其无所为而为，抑有所为而为已耳。

题解三 儒家德教有何重要性？

看似有些缠绕乃至吊诡的是，一方面，正因为儒学的根基或起始处，乃是"认识本位"而非"伦理本位"的，它才从来都只是一种"学"，而非一种"教"；否则的话，就像当代西方神学日益显露的那样，便会自以为已经从"伦理本位"获得了理由，哪怕只是假着"道德之名"，就去编造出既超出认识界限又拒绝理性解释的，只需要去闭着眼睛盲从的"超越性存在"。而另一方面，又正因为其他"人生解决方案"，只需要假托或虚妄地告诉你，还有个"超越性存在"正高居其上，要求你去严守"摩西十诫"之类的道德，所以，在其他文明类型中真正吃紧的，就从来都不是道德，而只会是宗教。由此也就反证出，反而是一种从"认识本位"出发的文明，必须以理性去开展道德的教化，否则就无法落实价值的规范，由此就凸显出“德教”的重要性来了。

（刘东：《德教释疑》第三章）

题解四　为什么倒是成己之学？

如果把儒学内部的“孟荀之争”，看作社会上“儒杨之争”的投射，那么，一旦再把“孟荀互补”带到了社会层面，也就会直接扩大为我所讲的“儒杨互补”了。而我们由此也便足以领会到，一方面，尽管儒学强烈地反对杨朱的极端利己主义，它却同它的对立面一样，还是要立足于作为思考起点的个体。另一方面，虽说都必须直面人生的有限性——那是由“先秦理性主义”所必然导致的困境——可是，它们一个毕竟勇敢地提出了自己的“解决方案”，一个则颓然地认定这问题根本就“无法解决”。也正因为这样，即使两者都属于“为己之学”，杨朱却只能退而龟缩为“利己之学”，而儒家则昂首挺进成了“成己之学”。

（刘东：《德教释疑》第四章）

立志第二

术既辨，吾之所以学者，为诚为伪，差足以自信矣。然而，学或进或不进，或成或不成，则视其志之所以帅之者何如。述立志第二。

志于道。(《论语》)

苟志于仁矣，无恶也。(《论语》)

不愤不启，不悱不发。(《论语》)

三军可夺帅也，匹夫不可夺志也。(《论语》)

仁远乎哉？我欲仁，斯仁至矣。(《论语》)

士不可以不弘毅，任重而道远。仁以为己任，不亦重乎？死而后已，不亦远乎？(《论语》)

士何事？孟子曰：“尚志。”(《孟子》)

夫志，气之帅也；气，体之充也。夫志至焉，气次焉。故曰：持其志，无暴其气。(《孟子》)

自弃者，不足以有为也。吾身不能居仁由义，谓之自弃也。(《孟子》)

彼丈夫也，我丈夫也，吾何畏彼哉？舜何人也，予何人也，有为者亦若是。(《孟子》)

待文王而后兴者，凡民也。若夫豪杰之士，虽无文王犹兴。(《孟子》)

卑湿重迟，则抗之以高志。(《荀子》)

士不可以不弘毅，任重而道远。重担子须是硬脊梁汉方担得。(程明道)

人之学不进，只是不勇。(程明道)

阳气所发，金石为开。精神一到，何事不成？（程明道）

才说明日，便是悠悠。(程明道)

学者为气所胜、习所夺，只可责志。(程伊川)

莫说道将第一等让与别人，却做第二等。才如此说，便是自弃。虽与不能居仁由义者差等不同，其自小一也。言学便以道为志，言人便以圣为志。(程伊川)

问：人或倦怠，岂志不立乎？曰：若是气体，劳后须倦。若是志，怎生倦得？人只为气胜志，故多为气所使。人少而勇，老而怯，少而廉，老而贪，此为气所使也。若是志胜气时，志既一定，更不可易。(程伊川)

今之学者如登山麓，方其迤逦，莫不阔步，及到峻处便逡巡。（程伊川）

有志于学者，都更不论气之美恶，只看志如何。匹夫不可夺志也，惟患学者不能坚勇。（张横渠　载）

吾学不振，非强有力者不能自奋。（张横渠）

人须先立志，志立则有根本。譬如树木，须先有个根本，然后培养能成合抱之木。若无根本，又培养个甚？（谢上蔡　良佐）

为学必以圣人为之则。志在天下，以宰相事业自期，降此宁足道乎？（谢上蔡）

志不能帅气，则工夫间断。（杨龟山　时）

书不记，熟读可记；义不精，细思可精。惟有志不立，直是无著力处。只如而今贪利禄而不贪道义，要作贵人而不要作好人，皆是志不立之病。直须反复思量，究见病痛起处，勇猛奋跃，不复作此等人。一跃跃出，见得圣贤所说千言万语，都无一事不是实语，方始立得此志。就此积累工夫迤逦向上去，大有事在。（朱晦翁）

为学虽有阶渐，然合下立志，亦须略见义理大概规模。于自己方寸间，若有个惕然愧惧、奋然勇决之志，然后可加之讨论玩索之功、存养省察之力，而期于有得。夫子所谓志

学，所谓发愤，正谓此也。（朱晦翁）

直须抖擞精神，莫要昏钝，如救火、治病然，岂可悠悠岁月？（朱晦翁）

人所以易得流转，立不定者，只是脚跟不点地。（朱晦翁）

世衰道微，人欲横流，不是刚毅的人，断立脚不住。（朱晦翁）

夫子曰："吾十有五而志于学。"今千百年无一人有志，也是怪他不得。志个甚底？须是有智识，然后有志愿。（陆象山）

人要有大志，常人汩没于声色富贵间，良心善性都蒙蔽了。今人如何便解有志，须先有智识始得。（陆象山）

学者大约有四样：一、虽知学路而恣情纵欲不肯为，一、畏其事大且难而不为者，一、求而不得其路，一、未知路而自谓能知。（陆象山）

志于声色利达者固是小，剿摸人言语的与他一般是小。（陆象山）

大凡为学，须有所立。《论语》云："己欲立而立人。"卓然不为流俗所移，乃为有立。须思量天之所以与我者是甚底？还是要做人否？理会得这个明白，然后方可谓之学问。

（陆象山）

上是天，下是地，人居其间，须是做得人方不枉。（陆象山）

要当轩昂奋发，莫恁地沉埋在卑陋凡下处。（陆象山）

你自沉埋，自蒙蔽，阴阴地在个陷阱中，更不知所谓高远底。要决裂破陷阱，窥测破罗网。（陆象山）

彘鸡终日营营，无超然之意。须是一刀两断，何故萦萦如此？萦萦底讨个甚么！（陆象山）

学者志不立，一经患难，愈见消沮，所以先要立志。（吕东莱）

人之病痛，不知则已。知而克治不勇，使其势日甚，可乎哉？志之不立，古人所深戒也。（吴康斋　与弼）

须发大勇猛心，方做得成就。若不曾发愤，只欲平做将去，可知是做不成也。（魏庄渠　校）

不能克己者，志不胜气也。（薛敬轩）

学不进，率由于因循。（薛敬轩）

人要为圣贤，须是猛起，如服瞑眩之药，以黜深痼之疾，真是不可悠悠。（曹月川　端）

人要学圣贤，毕竟要去学他。若道只个希慕之心，却恐末梢未至凑泊，卒至废驰。（陈白沙　献章）

非诚有求为圣人之志，而从事于惟精惟一之学者，不能得其受病本原，而发其神奸之所攸伏也。（王阳明）

黄久庵初见阳明，阳明曰：“作何工夫？”对曰：“初有志，工夫全未。”阳明曰：“人患无志，不患无工夫可用。”

学者既辨义利之分，能知所决择，则在立志坚定以趋之而已。（徐横山）

立志不真，故用力未免间断，须从本原上彻底理会，种种嗜好，种种贪著，种种奇特技能，种种凡心习态，全体斩断，令干干净净。此志既真，工夫方有商量处。（王龙溪）

以身在天地间负荷，则一切俗情自难染污。（罗念庵）

吾人当自立身放在天地间公共地步，一毫私己著不得，方是立志。只为平日有惯习处，软熟滑浏，易于因仍。今当一切斩然，只是不容放过，时时刻刻须此物出头作主，更无纤微旧习在身，方是功夫，方是立命。（罗念庵）

学者无必为圣人之志，故染逐随时变态，自为障碍。猛省洗涤，直从志上著人一己百、人十己千工夫，则染处渐消，逐时渐寡。（刘两峰　文敏）

友朋中有志者不少，而不能大成者，只缘世情窠臼难超脱耳。须是吾心自作主宰，一切利害荣辱，不能淆吾见而夺吾守，方是希圣之志，始有大成之望也。（刘两峰）

千事万事，只是一事，故古人精神不妄用，惟在志上磨砺。（刘两峰）

学者真有必求为圣人之心，则即此一念，是作圣之基也。猛自奋迅，一跃跃出，顿觉此身迥异尘寰，岂非千载一快哉？（邹颖泉）

凡工夫有间，只是志未立得起，然志不是凡志，须是必为圣人之志。若不是必为圣人之志，亦不是立志。若是必为圣人之志，则凡行得一件好事，做得一件上好工夫，也不把他算数。（邹聚所　德涵，东廓之孙也）

一恶念发，良知无不知者。其有不知，非是你良知不知，却是你志气昏惰了。古人有言曰："清神在躬，志气如神。"岂有不自知的？只缘清明不在躬耳。你只去责志，如一毫私欲之萌，只责此志不立，则私欲自退听。（邹聚所）

学者有志于道，须要铁石心肠。人生百年，转盼耳，贵乎自立。（邹南皋　元标）

吾辈无论出处，各各有事，肯沉埋仕途便沉埋，不肯沉埋，即在十八重幽暗中，亦自骧首青霄。世岂有锢得人？人自无志耳。（邹南皋）

静中欲根起灭不断者，是志之不立也。凡人志有所专，则杂念自息。如人好声色者，当其艳冶夺心之时，岂复有他

念耶？如人畏死亡者，当其刀锯遍体之时，岂复有他念耶？（王塘南）

此学须是自己发大愿心，真真切切肯求，便日进而不自知矣。盖只此肯求，便是道了，求得自己渐渐有些滋味，自家放歇不下，便是得了。（耿天台　定向）

吾人之志，抖擞于昨日，今日可受用否？即抖擞于上时，今时可受用否？（徐鲁源　用检）

周莹尝学于应元忠，往见阳明子。阳明子曰："子从应子之所来乎？"曰："然。"曰："应子云何？"曰："应子曰：'希圣希贤，毋溺流俗。'且曰：'吾闻诸阳明子'云。莹是以不远千里而来谒。"曰："子之来犹有未信乎？"曰："信。"曰："信而又来，何也？"曰："未得其方。"阳明子曰："子既得其方矣。"对曰："莹惟不得其方，是以来见，愿卒赐之教。"阳明子曰："子既得之。"周子悚然起，茫然有间。阳明子曰："子之自永康来也几何程？"曰："数百里而遥。"曰："远矣。"曰："从舟乎？"曰："舟而又登陆也。"曰："劳矣。当兹六月，暑乎？"曰："途之暑特甚。"曰："难矣。具资粮，从童仆乎？"曰："携一仆，中途而病，舍贷而行。"曰："兹益难矣。"曰："子之来既远且劳，其难若此也，何不遂反乎？将毋有强子者乎？"曰："莹至夫子之门，劳苦艰难诚乐也，宁以是而遂返，又奚俟人之强也？”曰：“如是，则子固已得其方矣。子之志，欲至于吾门，则至于吾门，无假于人。子而志于圣贤之学，则亦即至于圣贤，而又假于人乎？子之舍舟从陆，捐仆贷粮，冒毒暑而来也，又安受其方也？”周子跃然而拜曰：“兹乃命之方也矣。”

学者不论造诣，先定品格，须有凤皇翔于千仞气象，方可商求此一大事。不然，浑身落世情窠臼中，而因人起名，因名起义，辄号于人曰学，何异濯缨泥滓之涡，振衣风尘之路？冀还纯白，无有是处。（祝无功　世禄）

患莫患于不自振。《洪范》六极，弱居一焉。一念精刚，如弛忽张，风飞雷动，奋迅激昂，群疑以亡，诸欲以降，百行以昌，更有何事？（祝无功）

世之溺人久矣，吾之志所以度吾之身，不与风波灭没者也。操舟者，柁不使去手，故士莫要于持志。（祝无功）

眼界不开，由骨力不坚；骨力不坚，所以眼界愈不开。（吕豫石　维祺）

人只此人，不入圣，便作狂，中间难站脚；学须就学，昨既过，今又待，何日始回头？（吕豫石）

心须乐而行惟苦。学问中人，无不从苦处打出。（刘蕺山）

启超谨案：以上杂钞先哲言立志之说，略以年代为次，其言明尽，殆无俟解释矣。括其大要：

一曰：必立志，然后能自拔于流俗。盖常抗心思为伟大人物，不屑屑与庸流伍。其所以自待者既高，则其所以自责者愈不容缓，而无一线可以自恕，日自鞭策，则驽骀十驾，亦必有至焉者矣。（王船山《俟解》有释《孟子》一段文曰："人之所以异于禽兽者，君子存之，则小人去之矣。不言'小人'而言'庶民'，害不在小人而在庶民也。小人之为禽兽，人人得而诛之。庶民之为禽兽，不但不可胜诛，且无能知其为恶者；不但不知其为恶，且乐得而称之，相与崇尚而不敢逾越。学者但取十姓百家之言行而勘之，其异于禽兽者，百不得一也。营营终日，生与死俱者何事？一人倡之，千百人和之，若将不及者何心？芳春昼永，燕飞莺语，见为佳丽。清秋之夕，猿啼蛩吟，见为孤清。乃其所以然者，求食、求匹偶、求安居，不则相斗已耳，不则畏死而震慑已耳。庶民之终日营营，有不如此者乎？二气五行，抟合灵妙，使我为人而异于彼，抑不绝吾有生之情而或同于彼，乃迷其所同而失其所以异，负天地之至仁以自负其生，此君子所以忧勤惕厉而不容已也。庶民者，流俗也。流俗者，禽兽也。壁立万仞，只争一线，可弗惧哉！"案：船山先生此言，真乃一棒一条痕，一掴一掌血。曾文正所谓"不为圣贤，便为禽兽"，盖本此意。然则志之不可以不立也如是夫！）

二曰：必立志，然后他事不足以相夺。王塘南所谓：“志有所专，则杂念自息。”孔子尝言：“好仁者，无以尚之。”试以爱国言：真爱国者，必无以尚之，此志向一定，无论外境界若何变异，而不足相易矣。

三曰：必立志，然后进学无间断。人之大患，莫甚无恒。一念之明，浩然与圣贤同位，不移时而堕于流俗、堕于禽兽，惟恃志以帅之，然后能贞之以常。程子谓不责气习，只须责志，诚一针见血之言也。志之所以能立，莫先于勇，先哲所言大率断断于此。惟陆子复言“必先有智识，然后有志愿”，此别是见到语。如吾辈前此曾无爱国之志，而一闻先觉之言，或一经游历他国，而此志乃勃然兴者，则智识为之导也。近今各国教育，必令学童先习溥通学，得有常识，然后使于专门学中自择一焉，亦为此也。然智识与志愿，递相为果，递相为因，无智识则志愿固无从立，无志愿则智识亦无从增。吕豫石所谓“眼界不开，由骨力不坚；骨力不坚，所以眼界愈不开”，此又与陆子所言相发明也。以上僭案数语，不过取先哲语一紬绎之，别无他发明，良以其言已尽，无所容赘也。

题解五 “先立其大”有多重要？

一旦养成了这样的“好学”精神，那么，无论是到了人生的哪个阶段，也无论以往曾“得到”过什么，自始至终都应去自问自责的，也只在于到底“还有什么”是不知道的，以及到底“还有什么”仍要学习？而这就是夫子所谓“朝闻道，夕死可矣”的精义了；也就是说，一旦真正具备了这样的精神，求学的过程也就不致戛然中断了，而只能表现为“生无所息”和“死而后已”。这样的人，由于他本人的整个生命进程，其本身就是由“学”字来定义和贯注的，也是由“学”字来充实和提升的，所以，休要说进入了“血气既衰”的老年，即便到了生命的最后一刻，他也不会像庄子那样颓丧地断定，反正自己也觉得“学不过来”了，那就不如干脆“躺倒不学”算了，即所谓的“吾生也有涯，而知也无涯。以有涯随无涯，殆已”。殊不知，恰是在那“以有涯随无涯”的过程中，人生才会在步步攀缘的上升中，逐渐显出层次与境界的高下来；而且，对于真正“好学”和“悦学”的个人而言，那个不断攀缘的上提过程，尽管一直都充满了紧张与病痛，却更一直都充满了享受与兴奋。

（刘东：《德教释疑》第五章）

题解六 “无用之用”能否成立?

当我们人云亦云地盲从着，去承认自己的学科确实“没用”时，就已从思想深处被功利主义俘获了。沿着这种舶来的“用处”范畴表，或者说，沿着被杨朱占了上风的“物之序”，人类文明在其漫长的发展过程中，所逐步形成的各种复杂分工，所逐步树立的各种高雅文化，就都沿着功利主义的短浅逻辑，被化约、降低和贬损为“没用处”和“不必要”的了。也只有如此短视地紧贴地面，人们才会把一应的文科知识乃至精神形态，全都看低和贬损为根本“没有用处”的，哪怕回头再兜个圈子找补一下，说这也可勉强算作是“无用之用”。

（刘东:《德教释疑》第六章）

知本第三

陆子曰："学者大约有四样：一、虽知学路而恣情纵欲不肯为，一、畏其事大且难而不为者，一、求而不得其路，一、未知路而自谓能知。"既辨术而立志，则前二弊其庶免矣。然不得其路，或误认其路，终无以底于成，则志焉而不至者岂少也。述知本第三。

子曰："参乎！吾道一以贯之。"（《论语》）

子曰："赐也！女以予为多学而识之者与？"对曰："然，非与？"曰："非也，予一以贯之。"（《论语》）

先立乎其大者，则其小者不能夺也。此为大人而已矣。（《孟子》）

所守不约，泛滥无功。（程明道）

凡人才学便须知著力处，既学便须知得力处。（程明道）

学问不得其纲，则是二君一民。（陆象山）

大纲提掇来，细细理会去。（陆象山）

或有讥先生之教人专欲管归一路者，先生曰：“吾亦只有此一路。”（陆象山）

若不立个主宰，则终日营营，凡事都无统摄，不知从何处用功。（魏庄渠）

得此把柄入手，则天地我立，万化我出，而宇宙在我矣。[1]（陈白沙）

凡人为学，终身只为这一事。自少至老，自朝至暮，不论有事无事，只是做得这一件。（王阳明）

为学须得个头脑，工夫方有著落。纵未能无间，如舟之有舵，一提便醒。不然，虽从事于学，只做个义袭而取，非大本达道也。（王阳明）

吾辈通患，正如池面浮萍，随开随蔽。未论江海，但在活水，浮萍即不能蔽。何者？活水有源，池水无源，有源者由己，无源者从物。（王阳明）

问：“伊川存中应外、制外养中之学，以为内外交养，何如？”曰：“古人之学，一头一路，只从一处养。譬之种树，

1《明儒学案》卷八《白沙学案》原文为：“终日乾乾，只是收拾此理而已。此理干涉至大，无内外，无终始。无一处不到，无一息不运会，此则天地我立，万化我出，而宇宙在我矣。得此把柄入手，更有何事？”

只养其根，根得其养，枝叶自然畅茂。种种培壅灌溉，条枝剔叶，删去繁冗，皆只是养根之法。若既养其根，又将枝叶养将来，便是二本支离之学。”（王龙溪）

立志既真，贵在发脚不差，发脚一差，终走罔路，徒自罢苦，终不能至。问：“安得不差？”先生震声曰：“切莫走闭眼路。”（徐鲁源）

启超谨案：以上所钞，皆发明知本之不容已。夫学者无志于求己之学，不必论矣。间或有之，而学焉不得其门，则苦其难而终无所入，卒以废弃耳。自宋儒提倡斯道，一时号称光大，其间最有力者尤莫如朱子。朱子之言曰：“大学始教，必使学者即凡天下之物，莫不因其已知之理而益穷之，以求至乎其极。至于用力之久，而一旦豁然贯通焉，则众物之表里精粗无不到，而吾心之全体大用无不明矣。”其所论与英儒倍根[1]之归纳论理学颇相似，以之为研究科学之一法门可也。虽然，科学之上，不可不更有身心之学以为之原。而朱子之所以教人者，则自以为身心之学而非科学也。更申言之，则属于德育之范围，而非

1 倍根，即英国哲学家Francis Bacon（1561—1626），今译“培根”。马克思称其为“英国唯物主义和整个现代实验科学的真正始祖”。他在逻辑学、美学、教育学方面也提出许多思想。著有《新工具》《论说随笔文集》等。

属于智育之范围也。夫为学当日益，为道当日损，是则德育、智育两者发脚点所攸判也。（为学即属智育范围，日益者，以艺术增进为贵也；为道即属德育范围，日损者，以结习销除为贵也。）今朱子以此教始学，其所谓一旦豁然者，虽未必无期，而所谓用力之久者，不知久至何时。人生百年，光阴能几？循此以行，则恐矻矻数十寒暑，发白齿堕，奄然澌灭，而一无所自得者，比比然矣。且科学者无穷尽者也，故以奈端[1]之慧，其易箦[2]时，乃言学问如洋海，吾所得者仅海岸之小砂小石，而其余不得不以俟诸后贤。即后贤有十奈端焉，百奈端焉，千万奈端焉，亦不过由海岸进而至距海岸数十里、数百里止矣。欲以一人之精力，而总有洋海全部之智识，此固必不可得之数，庄子所谓“吾生也有涯，而知也无涯，以有涯随无涯，殆矣”。若是乎由朱子之道，而欲求所谓“众物表里精粗无不到，吾心全体大用无不明”者，其亦终不能至而已。朱子之大失，则误以智育之方法为德育之方法，而不知两者之界说适成反比例而丝毫不容混也。故陆子规之曰：“易简工夫终久大，支离事

---

1 奈端，即英国科学家Isaac Newton（1643—1727），今译“牛顿”。
2 易箦：字面意思是更换寝席。箦，华美的竹席。常用来作病危将死的典故，源于《礼记·檀弓上》“曾子易箦”的故事。

业竟浮沉。”朱陆异同，此为界线。虽然，朱子他日固自悔曰：“多识前言往行，固君子所急。近因反求未得个安稳处，却始知前此未免支离。”（《与何叔京书》）又曰：“某近日亦觉向来说话有太支离处，反身以求，正坐自己用功亦未切耳。”（《与周叔谨书》）又曰：“年来觉得日前为学不得要领，自身做主不起，反为文字夺却精神，不为小病。每一念之，惕然自惧，且为朋友忧之。若只如此支离，漫无统纪，展转迷惑，无出头处。”（《答吕子约书》）由此观之，则朱子晚年确有见于前此受病处，而学道之不可以不知本，章章明甚矣。故今先汇述先哲之言，以见支离之必无功，而简易之万不容已。若夫孔子之所谓一贯者何物？孟子所谓先立其大者何物？程子所谓约者何物？所谓著力、得力者当由何道？陆子所谓大纲、所谓一路者何物？庄渠所谓主宰者何物？白沙所谓把柄者何物？王子所谓这一件者何事？所谓头脑者何物？所谓木之根、水之源者何指？徐氏所谓发脚何以能不差？千言万语，只是一事。吾今请述吾所信仰者以饷同志。

启超又案：吾今语此，非欲为前此争朱学、王学者增一重公案也。吾虽服膺王学，而于朱子万不敢菲薄。盖朱子所言，有益于学者修养之用者滋多矣，本编所引已不下数十条，未敢有门户之见存也。独至本章，以王子之言为主者，非徒素所师仰云尔，诚以吾侪生于今日，社会事物日以复杂，各种科学皆有为吾侪所万不可不从事者，然则此有限之日力，其能划取之以为学道之用者，校诸古人，抑已寡矣。今若不为简易直切之法门以导之，无论学者厌其难而不肯从事也，即勉而循焉，正恐其太废科学而阔于世用，反为不学者所藉口。故窃以为惟王学为今日学界独一无二之良药，本章之特提之，正以此也。

大抵学问工夫，只要主意头脑的当。若主意头脑专以致良知为事，则凡多闻多见，莫非致良知之功。盖日用之间，见闻酬酢，虽千头万绪，莫非良知之发用流行也。除却见闻酬酢，亦无良知可致矣。（王阳明）

启超谨案：子王子提出致良知为唯一之头脑，是千古学脉超凡入圣不二法门。

一点良知，是尔自家的准则。尔意念著处，他是便知是，非便知非，更瞒他一些不得。尔只不要欺他，实实落落依着他做去，善便存，恶便去，何等稳当。此便是致知的实功。（王阳明）

启超谨案：此示致良知之工夫也。人谁不有良知？良知谁不自知？只要不欺良知一语，便终身受用不尽，何等简易直捷！

心之本体，无起无不起。虽妄念之发，而良知未尝不在，但人不知存，则有时而或放耳；虽昏塞之极，而良知未尝不明，但人不知察，则有时而或蔽耳。虽有时而或放，其体实未尝不在也，存之而已耳；虽有时而或蔽，其体实未尝不明也，察之而已耳。（王阳明）

启超谨案：此申言致良知工夫，绝无繁难。

我辈致知，只是各随分量所及，今日良知见在如此，则随今日所知扩充到底，明日良知又有开悟，便从明日所知扩充到底，如此方是精一工夫。（王阳明）

黄梨洲曰：此是先生渐教，顿不废渐。

启超谨案：此是彻上彻下法门，虽大贤亦只是如此用功，虽不识一字亦只是如此用功，亦可谓顿之至矣。不然，我辈何有学圣之路？

凡人言语正到快意时，便截然能忍默得；意气正到发扬时，便翕然能收敛得；愤怒嗜欲正到腾沸时，便廓然能消化得：此非天下之大勇不能也。然见得良知亲切时，其工夫又自不难。（王阳明）

启超谨案：《朱子语类》云：“今学者多来求病根，某向他说，头痛灸头，脚痛灸脚，病在这上，只治这上便了，更别讨甚病根？”（潘时举记）此朱子之大误处，所谓支离者此也。头痛灸头，脚痛灸脚，终日忙个不了，疲精敝神，治于此仍发于彼，奈何？万一头、脚、耳、目、手、心、腹、肾、肠同时皆痛，又将如何？天下良医，断无如此治病法。专治病根，方一了百了。王子所谓“见得良知亲切，工夫不难”者，只要抱定不欺良知为宗旨，而私欲之萌，遂若洪炉点雪也，何难之与有？

良知只是个是非之心，是非只是个好恶，只好恶就尽了是非，只是非就尽了万事万变。又曰：是非两字是个大规矩，巧处则存乎其人。（王阳明）

启超谨案：此言良知之应用，其详别见《应用篇》。

区区所论致知二字，乃是孔门正法眼藏。于此见得真的，直是“建诸天地而不悖，质诸鬼神而无疑，百世以俟圣人而不惑”。知此者方谓之知道，得此者方谓之有德。异此而学，即谓之异端；离此而说，即谓之邪说；迷此而行，即谓之冥行。虽千魔万怪，眩瞀变幻于前，自当触之而碎，迎之而解，如太阳一出，而魑魅罔两自无所逃其形矣。（王阳明）

某近来却见得良知两字日益真切简易，朝夕与朋辈讲习，只是发挥此两字不出。缘此两字，人人所自有，故虽至愚下品，一提便省觉。若致其极，虽圣人天地不能无憾，故说此两字穷劫不能尽。世儒尚有致疑于此，谓未足以尽道者，只是未尝实见得耳。（王阳明）

区区格、致、诚、正之说，是就学者本心、日用事为间体究践履，实地用功，是多少次第、多少积累在，止与虚空顿悟之说相反。闻者本无求为圣人之志，又未尝讲究其详，遂以见疑，亦无足怪。（王阳明）

启超谨案：此三条皆赞致良知之宗旨，圆满无遗憾，以坚学者之信。当时先生初倡此义，举天下群起而非难之，故不厌反覆辨明也。

近时同志亦无不知有致良知之说，然能于此实用功者绝少，皆缘见得良知未真，又将致字看太易了，是以多未有得力处。（王阳明）

启超谨案：读此，则后此末流猖狂之失，先生固已知之。其言将致字看太易了，直是一针见血也。

启超谨案：致知之说，本于《大学》："欲诚其意者，先致其知。"良知之说，本于《孟子》："人之所不学而知者，其良知也。"子王子沟合此二语，以立一学鹄，其"致知"而必加一"良"字者，所以指其本体。夫人心之灵，莫不有知，固也，但我辈受过去社会种种遗传性，及现在社会种种感化力，其知之昏谬往往而有，然此不过其后起者耳。若返诸最初之一念，则真是真非未有不能知者。即如我辈生于学绝道丧之今日，为结习薰染可谓至极，然苟肯返诸最初之一念，真是真非卒亦未尝不有一隙之明，即此所谓良也。苟言致知而不指定此一隙，则或有就其后起昏谬者而扩充之，则谬以千里矣。此王子所以以《孟子》释《大学》也。言"良知"而必加一"致"字者，所以实其工夫。良知尽人所同有，固也，然天下无无代价之物，若曰吾有是而既足矣，则盈天下皆现成的圣人，何必更讲学？此王子所以又以《大学》释《孟子》也。"致良知"三字，真是呕心呕血研究出来，增减不得，虽有博辩敏给、目空一切之夫，律以此义，当下失其依据；虽有至顽下愚、不识一字之人，授以此义，当下便有把柄，真所谓放之四海而皆准，俟诸百世而不惑者也。徐横山（名爱，字曰仁，最初从学先生者也）跋《传习录》云：“爱因旧说汩没，始闻先生之教，骇愕不定，无入头处。其后闻之既熟，反身实践，始信先生之学为孔门嫡传，舍是皆旁蹊小径、断港绝河。”诚哉然矣！先生自叙得力云：“守仁早岁业举，溺志词章之习，既乃稍知从事正学，而苦于众说之纷挠疲疢，茫无可入，因求诸老释，欣然有会于心，以为圣人之学在此矣！然于孔子之教间相出入，而措之日用，往往缺漏无归，依违往返，且疑且信。其后谪居龙场，居夷处困，动心忍性之余，恍若有悟。体念探求，再更寒暑，证诸五经四书，沛然若决江河而放诸海也。”所谓恍若有悟者，即悟出“致良知”三字，为学之头脑也。其得之之难也若此，故其门人黄洛村（弘纲）亦云：“先师之学，虽顿悟于居常之日，而历艰备险，动心忍性，积之岁月，验诸事履，乃始脱然有悟于良知。虽至易至简，而心则独苦矣，何学者闻之之易而信之之难耶？”盖言之有余慨焉。我辈生后先生数百年，中间复经贱儒伪学，盗憎主人，摧锄道脉，不遗余力。微言大义，流风余韵，澌灭以尽，人欲横流，举国禽兽。而近者复有翻译泰西首尾不完、字句不明之学说输入，学者益得假以自文，欲举我神明千圣之学，一旦而摧弃之，而更何有于先生？虽然，先生之精神亿劫不灭，先生之教指百世如新。中国竟亡则已，苟其不亡，则入虞渊而捧日以升者，其必在受先生之感化之人，无可疑也。呜呼！以其时考之则可矣，其亦有闻而兴者乎？非我辈之责而谁责也！

启超又案：致良知之旨，先生发之殆无余蕴，其门下之解释亦有大相发明者，今诠于下方，以坚同志信仰之诚。

良知在人，本无污坏，虽昏蔽之极，苟能一念自反，即得本心。譬之日月之明，偶为云雾所翳，谓之晦耳，云雾一开，明体即见，原未尝有所伤也。此原是人人见在具足、不犯做手本领工夫，人之可以为尧舜，小人之可使为君子，舍此更无从入之路、可变之几。（王龙溪）

当万欲腾沸之中，若肯返诸一念良知，其真是真非，炯然未尝不明，只此便是天命不容灭息所在，便是人心不容蔽昧所在。此是千古入贤入圣真正路头。（王龙溪）

夫良知不学而能，不虑而知，故虽小人闲居为不善无所不至者，其见君子而厌然，亦不可不谓之良知；虽常人恕己则昏者，其责人则明，亦不可不谓之良知。苟能不自欺其

知，去其不善者以归于善，勿以所恶于人者施之于人，则亦是致知诚意之功。即此一念，可以不异于圣人。（欧阳南野 德）

良知乃本心之真诚恻怛，人为私意所杂，不能念念皆此真诚恻怛，故须用致知之功。致知云者，去其私意之杂，使念念皆真诚恻怛，而无有亏欠耳。孟子言孩提知爱知敬，亦是指本心真诚恻怛、自然发见者，使人达此于天下，念念真诚恻怛，即是念念致其良知矣。故某尝言一切应物处事，只要是良知。（欧阳南野）

良知无方无体，变动不居，故有昨以为是而今觉其非，有己以为是而因人觉其为非，亦有自见未当必考证讲求而后停妥，皆良知自然如此。故致知亦当如此。然一念良知，彻头彻尾，本无今昨、人己、内外之分也。（欧阳南野）

知得良知是一个头脑，虽在千百人中，工夫只在一念微处；虽独居冥坐，工夫亦只在一念微处。（钱绪山）

启超谨案：以上数条解释致良知之旨最为确实，其余尚多，今不具引。

说个仁字，沿习既久，一时未易觉悟；说个良知，一念自反，当下便有归著。（王龙溪）

阳明本旨，大抵以诚意为主意，以致良知为工夫之则，盖曰“诚意无工夫，工夫只在致知”。然则致知工夫，不是另一项，仍只就诚意中看出，如离却意根一步，亦更无致知可言。（刘蕺山）

启超谨案：此两条言王子所以专标致良知之故。凡讲学标宗旨者，皆务约之使其在我而已。其实学问只有一件事，或标彼两三字，或标此两三字，原只是这一件而已。王子又尝语学者云“说集义，则一时未见头脑；说致良知，当下便有用功实地”，即是此意。

启超又案：致良知之教，本已盛水不漏，而学者受之亦往往学焉而得其性之所近。故王子既没，而门下支派生焉，纷纷论辨，几成聚讼。语其大别，不出两派：一曰趋重本体者（即注重良字），王龙溪、王心斋一派是也；一曰趋重工夫者（即注重致字），聂双江、罗念庵一派是也。要之，皆王子之教也。吾辈后学，苟所志既真，则亦因其性之所近，无论从何门入，而皆可以至道。（若启超则服膺双江、念庵派者，然不敢以强人。人各有机缘，或以龙溪、心斋派而得度，亦一而已矣。本书中间有左右袒之言，究非敢有所轩轾于昔贤也。）故今择录两派之要语，使学者自择之。其辨难之说，徒乱人意，则不如其已也。

“涓流积至沧溟水，拳石崇成太华岑。”[1]先师谓象山之学得力处全在积累，须知涓流即是沧海，拳石即是泰山。此是最上一机，不由积累而成者也。（王龙溪）

启超谨案：此即顿教，佛门所谓“放下屠刀、立地成佛”者也。虽有至愚顽之人，一信良知之教，便得入圣之路。有寻常儒者，苦心苦行，十年无所入，而彼以言下得之者矣，故曰不由积累而成也。爱父母、妻子之良知，即爱国之良知，即爱众生之良知，故曰涓流即沧海，拳石即泰山也。

良知广大高明，原无妄念可去，才有妄念可去，已自失却广大高明之体矣。今只提醒本体，群妄自消。（钱绪山）

启超谨案：“提醒本体，群妄自消”，此所以异于头痛灸头、脚痛灸脚也，所谓愈简易愈真切也。

涵养工夫，如鸡抱卵。然必卵中原有一点真阳种子，方抱得成，若是无阳之卵，抱之虽勤，终成毈卵。学者须识得

---

1 南宋淳熙二年（1175年），陆九渊和朱熹在信州（今江西上饶）鹅湖寺论学。陆九渊以诗道其学问宗旨曰：“墟墓兴衰宗庙钦，斯人千古不磨心。涓流积至沧溟水，拳石崇成太华岑。易简工夫终久大，支离事业竟浮沉。欲知自下升高处，真伪先须辨只今。”

真阳种子，方不枉费工夫。吾人心中一点灵明，便是真阳种子，原是生生不息之机。种子全在卵上，全体精神只是保护得，非能以其精神助益之也。（王龙溪）

启超谨案：一点灵明，即知之良者也。

圣贤之学，惟自信得及，是是非非不从外来。故自信而是，断然必行，虽遁世不见而无闷；自信而非，断然必不行，虽行一不义、杀一不辜而得天下不为。如此方是毋自欺，方谓之王道，何等简易直截！（王龙溪）

启超谨案：此是学王学者最受用处，真有得于王学者，其自信力必甚大且坚。

人心本自乐，自将私欲缚。私欲一萌时，良知还自觉。一觉便消除，人心依旧乐。乐是乐此学，学是学此乐。不乐不是学，不学不是乐。（王心斋　艮）

启超谨案：黄梨洲著《明儒学案》，以心斋一派别为《泰州学案》，若外之于姚江者，然心斋实王门龙象也，其学以乐为本体，《论语》所谓“好之不如乐之”，孟子所谓“自得之则左右逢源”，故气象之光明俊伟，王门罕其伦匹。

性之灵明曰良知，良知自能应感，自能约心思而酬酢万变。知之为知之，不知为不知，一毫不劳勉强扭捏，而用智者自多事也。（王东崖　襞）

鸟啼花落，山峙川流，饥食渴饮，夏葛冬裘，至道无余蕴矣。充拓得开，则天地变化，草木蕃；充拓不开，则天地蔽，贤人隐。（王东崖）

启超谨案：东崖，心斋之子也，其专挈本体，纯任自然，自是心斋衣钵。

若果然有大襟期，有大气力，有大识见，就此安心乐意而居天下之广居，明目张胆而行天下之大道。工夫难到凑泊，即以不屑凑泊为工夫；胸次茫无畔岸，便以不依畔岸为胸次。解缆放船，顺风张棹，则巨浸汪洋纵横任我，岂不一大快事也哉！（罗近溪　汝芳）

或问："学者工夫，要如磨镜，尘垢决去，光明方显。"曰："吾心觉悟的光明，与镜面光明却有不同。镜面光明与尘垢原是两个，吾心先迷后觉却是一个。当其觉时，即迷心为觉，则当其迷时，亦即觉心为迷也。夫除觉之外，更无所谓迷，而除迷之外，亦更无所谓觉也。故浮云天日、尘埃镜光，俱不足为喻。若必寻个譬喻，莫如冰之与水，犹为相近。吾人闲居放肆，一切利欲愁苦，即是心迷，譬则水之偶寒，冻而凝结成冰，固滞蒙昧，势所必至。有时师友讲论，胸次洒然，是心开朗，譬则冰得暖气消融，解释成水，清莹活动，亦势所必至也。冰虽凝而水体无殊，觉虽迷而心体具在，方见良知宗旨，贯古今，彻圣愚，通天地万物，而无二无息者也。”（罗近溪）

启超谨案：近溪所谓迷心为觉、觉心为迷，即《楞伽经》迷智为识、转识成智之义，心理学上最精粹、最微妙之语也。

启超又案：以上九条，王门下提挈本体说之一斑也。昔禅宗五祖将传衣钵，令及门自言得力，首座神秀说偈曰：“心似菩提树，意如明镜台[1]；时时勤拂拭，勿使惹尘埃。”五祖未契，六祖乃说偈云：“菩提本无树，明镜亦非台；本来无一物，何处惹尘埃。”遂受衣钵。今略比附之，则双江、念庵一派，“时时勤拂拭”之说也；龙溪、心斋一派，“本来无一物”之说也。如近溪所谓“以不屑凑泊为工夫”“以不依畔岸为胸次”，是可谓禅宗之尽头语矣。上等根器人，得此把柄入手，真能无挂碍、无恐怖，任天

1“心似菩提树，意如明镜台”句，不知梁启超据何本，此句诸本多作“身是菩提树，心如明镜台”。

下之大，若行所无事。吾师南海康先生最崇拜心斋、近溪者以此。虽然，非诚自得于己，或窃其口头语作光景玩弄，亦最易导入人伪。故刘蕺山以王门有龙溪为斯文之厄，黄梨洲亦谓王学有龙溪、泰州而失其真也。然《龙溪集》又云："此件事不是说了便休，须时时有用力处，时时有过可改，消除习气，抵于光明，方是缉熙之学。"然则龙溪亦曷尝薄拂拭之功乎？

阳明先生拈出良知，上面添一"致"字，便是扩养之意。所以须养者，缘此心至易动故也。从前为"良知时时见在"一句误却，遂欠了培养一段功夫。（罗念庵）

知善知恶之知，随出随泯，特一时之发见，未可尽指为本体。故必有收摄保聚之功，以为充达长养之地，而后定、静、安、虑[1]由此以出。知苟致矣，虽一念之微皆真实也；苟为弗致，随出随泯，终不免于虚荡而无归。是致与不致之间，虚与实之辨也。（罗念庵）

阳明先生良知之教，本之《孟子》"乍见入井"，"孩提爱敬"，"平旦好恶"三者，以其皆有未发者存，故谓之良，

1 参见《大学》："知止而后有定，定而后能静，静而后能安，安而后能虑，虑而后能得。"

朱子以为“良者自然之谓”是也。然以其一端之发见，而未能即复其本体，故言怵惕矣，必以扩充继之；言好恶矣，必以长养继之；言爱敬矣，必以达之天下继之。孟子之意可见矣。先生得其意者也，故亦不以良知为足，而以致知为功。试以三言思之：其言充也，将即怵惕之已发者充之乎？将求之乍见之真乎？无亦不动于内交、要誉、恶声之私已乎？其言养也，将即好恶之已发者养之乎？将求之平旦之气乎？无亦不梏于旦昼所为矣乎？其言达也，将即爱敬之已发者达之乎？将不失孩提之心乎？无亦不涉于思虑矫强矣乎？终日之间，不动于私，不梏于为，不涉于思虑矫强，以是为致知之功，则其意乌有不诚，而亦乌用以立诚二字附益之也？今也不然，但取足于知而不原其所以良，故失养其端而惟任其所以发，遂以见存之知为事物之则而不察理欲之淆混，以外交之物为知觉之体而不知物我之倒置，岂先生之本旨也？（罗念庵）

今曰“若信得良知过时，意即是良知之流行，见即是良知之照察”云云，夫利欲之盘固，遏之犹恐弗止，而欲纵其知之所发以为心体；以血气之浮扬，敛之犹恐弗定，而欲任其意之所行以为功夫。畏难苟安者，取便于易从；见小欲速者，坚主于自信。夫注念反观，孰无少觉？因言发虑，理亦昭然。不息之真，既未尽亡，先入之言，又有可据，日滋日甚，日移日远，将无有以存心为拘迫，以改过为粘缀，以取善为比拟，以尽伦为矫饰者乎？而其灭裂恣肆者，又从而诪张簧鼓之，使天下之人遂至于荡然而无归，则其陷溺之浅深，吾不知于俗学何如也？（罗念庵）

启超谨案：右所录者，大率念庵与龙溪辨论语居多。念庵寄龙溪书有云："终日谈本体，不说功夫，才拈功夫，便指为外道。恐阳明先生复生，亦当攒眉也。"然则龙溪一派，当时教学者诚多语病，故念庵不得不纠正之。又念庵责门人云："知纵肆，是良知；知不能，却常自欺，是瞒良知。自知瞒良知，又是良知；形之纸笔，公然以为美谈，是不肯致良知也。此病岂他人能医耶？"然则所谓良知现在说之流弊，当时已甚猖獗，故念庵益不得不捍城之也。其注重全在一致字，不致不能实有诸己，自是姚江功臣。念庵、双江一派，其言收摄保任下手工夫，条段最详，于《存养篇》别记之。

启超谨案：学圣之道，"致良知"三字具足无遗矣。然子王子以其辞旨太简单，恐学者或生误会，故又提知行合一之旨以补之。惟知行合一，故仅"致良知"三字即当下具足也。今述知行合一之说。

凡谓之行者，只是著实去做这件事，若著实做学问思辨工夫，则学问思辨亦便是行矣。学是学做这件事，问是问做这件事，思辨是思辨做这件事，则行亦便是学问思辨矣。若谓学问思辨之然后去行，却如何悬空先去学问思辨得？行时又如何去得个学问思辨的事？行之明觉精察处便是知，知之真切笃实处便是行。若行而不能明觉精察，便是冥行，便是学而不思则罔，所以必须说个知；知而不能真切笃实，便是妄想，便是思而不学则殆，所以必须说个行，原来只是一个工夫。凡古人说知行，皆是就一个工夫上补偏救弊说，不似今人截然分作两件事做。某今说知行合一，虽亦是就今时补偏救弊说，然知行体段亦本来如是。（王阳明）

明道云："只穷理便尽性至命。"故必仁极仁，而后谓之能穷仁之理；义极义，而后谓之能穷义之理。仁极仁，则尽仁之性矣；义极义，则尽义之性矣。学至于穷理，至矣，而尚未措之于行，天下宁有是耶？是故知不行之不可以为学，则知不行之不可以为穷理矣。知不行之不可以为穷理，则知知行之合一并进，而不可以分为两节事矣。夫万事万物之理不外于吾心，而必曰穷天下之理，是殆以吾心之良知为未足，而必外求于天下之广，以裨补增益之，是犹析心与理而为二也。夫学问、思辨、笃行之功，虽其困勉至于人一己百，而扩充之极，至于尽性知天，亦不过致吾心之良知而已，良知之外，岂复有加于毫末乎？今必曰穷天下之理，而不知反求诸其心，则凡所谓善恶之机、真妄之辨者，舍吾心之良知，亦将何以致其体察乎？（王阳明）

夫良知之于节目事变，犹规矩尺度之于方圆长短也。节目事变之不可预定，犹方圆长短之不可胜穷也。故规矩诚立，则不可欺以方圆，而天下之方圆不可胜用矣；尺度诚陈，则不可欺以长短，而天下之长短不可胜用矣；良知诚致，则不可欺以节目事变，而天下之节目事变不可胜应矣。毫厘千里之谬，不于吾心良知一念之微而察之，亦将何所用其学乎？是不以规矩而欲定天下之方圆，不以尺度而欲定天下之长短，吾见其乖张谬戾，日劳而无成也已。吾子谓语孝于温清定省，孰不知之？然而能致其知者鲜矣。若谓初知温清定省之仪节，而遂谓之能致其知，则凡知君之当仁者皆可谓之能致其仁之知，知臣之当忠者皆可谓之能致其忠之知，则天下孰非致知者耶？以是而言，可以知致知之必在于行，而不行之不可以为致知也明矣。知行合一之体，不益较然矣乎？夫舜之不告而娶，岂舜之前已有不告而娶者为之准则，故舜得以考之何典、问诸何人而为此耶？抑亦求诸其心一念之良知，权轻重之宜，不得已而为此耶？武之不葬而兴师，岂武之前已有不葬而兴师者为之准则，故武得以考之何典、问诸何人而为此耶？抑亦求诸其心一念之良知，权轻重之宜，不得已而为此耶？使舜之心而非诚于为无后，武之心而非诚于为救民，则其不告而娶与其不葬而兴师，乃不孝不忠之大者。而后之人不务致其良知，以精察义理于此心感应酬酢之间，顾欲悬空讨论此等变常之事，执之以为制事之本，以求临事之无失，其亦远矣。（王阳明）

启超谨案：以上三条皆阐明知行合一之真理，可谓博深切明。其第三条上半截言良知之应用处，尤当体认，前所谓“是非两字是个大规矩，巧处则存乎其人”，即此之谓也，与朱子即物而穷其理之说，自有守本逐末之分。

爱问：“今人尽有知父当孝、兄当弟者，却不能孝不能弟，知行分明是两件。”曰：“此已被私欲间断，不是知行本体。未有知而不行者，知而不行，只是未知。圣贤教人知行，正是要复那本体。故《大学》指个真知行与人看，说‘如好好色，如恶恶臭’，见好色属知，好好色属行，只见好色时，已自好了，不是见后又立个心去好；闻恶臭属知，恶恶臭属行，只闻恶臭时，已自恶了，不是闻后别立个心去恶。”爱曰：“古人分知行为两，亦是要人见得分晓，一行工夫做知，一行工夫做行，则工夫始有下落。”曰：“此却失了古人宗旨。某尝说知是行的主意，行是知的工夫；知是行之始，行是知之成。若会得时，只说一个知，已自有行在；只说一个行，已自有知在。古人所以既说知又说行者，只为世间有一种人，懵懵懂懂，任意去做，全不解思维省察，只是个冥行妄作，所以必说个知，方才行得是；又有一种人，茫茫荡荡，悬空去思索，全不肯着实躬行，只是个揣摩影响，所以必说一个行，方才知得真。此是古人不得已补偏救弊的说话。今若知得宗旨，即说两个亦不妨，亦只是一个；若不会得宗旨，便说一个，亦济得甚事，只是闲说话。”（王阳明）

启超谨案：“知而不行，只是未知”两语是先生所以说知行合一之宗旨也。故凡言致良知，即所以策人于行也。然则专提挈本体者，未免先生所谓闲说话矣。

问知行合一，曰：“此须识我立言宗旨。今人学问，只因知行分作两件，故有一念发动，虽是不善，然却未曾行，便不去禁止。我今说个知行合一，正要人晓得一念发动处便即是行了，发动处有不善，就将这不善的念克倒了，须要彻根彻底，不使那一念不善潜伏在胸中，此是我立言宗旨。”（王阳明）

黄梨洲曰："如此说知行合一，真是丝丝见血！先生之学，真切乃尔，后人何曾会得？"

启超谨案：先生他日尝言曰："然则凡知君之当仁者皆可谓能致其仁之知，知臣之当忠者皆可谓能致其忠之知，则天下孰非致知者耶？"彼文语意，谓善而不行，不足以为善也；此文语意，则恶而不行，已足以为恶，谓一念发动处，便即是行了。然则吾今者一念发动爱国，遂谓吾已行爱国，可乎？似与前说矛盾。不知良知者，非徒知善知恶云尔，知善之当为，知恶之当去也。知善当为而不为，即是欺良知；知恶当去而不去，即是欺良知。故仅善念发，未足称为善，何以故？以知行合一故。仅恶念发，已足称为恶，何以故？以知行合一故。

问知行合一，曰："天下只有个知，不行不足谓之知。知行有本体，有工夫：如眼见得是知，然已是见了，即是行；耳闻得是知，然已是闻了，即是行。要之，只此一个知，已自尽了。孟子说'孩提之童无不知爱其亲，及其长，无不知敬其兄'，止曰'知'而已，'知'便'能'了，更不消说能爱能敬。本体原是合一，先师因后儒分为两事，不得已说个合一。知非见解之谓，行非履蹈之谓，只从一念上取证，知

之真切笃实即是行，行之明觉精切即是知。知行两字，皆指功夫而言，亦原是合一的，非故为立说，以强人之信也。”（王龙溪）

启超谨案：龙溪此言引申阳明知行合一之旨，最是明晰。后儒解释甚多，都不外此，今不具引。

启超又案：泰西古代之梭格拉第[1]，近世之康德、比圭黎（或译作黑智儿）[2]，皆以知行合一为教，与阳明桴鼓相应，若合符契。陆子所谓“东海西海，有圣人出焉，此心同也，此理同也”，岂不然哉？此义真是单刀直入，一棒一条痕，一掴一掌血，使伪善者无一缝可以躲闪。夫曰“天下只有一个知，不行不足谓之知”，不行既不足谓之知，则虽谓天下只有一个行可也，此合一之旨也。试以当今通行语解之，今与人言爱国也，言合群也，彼则曰吾既已知之矣；非惟知之，而且彼亦与人言之，若不胜其激昂慷慨也。而激昂慷慨之外，则无余事矣，一若以为吾有此一知而吾之责任皆已尽矣。是何异曰：识得孝字之点画，则已为孝子；识得忠字之点画，则已为忠臣也。就阳明先

---

1 梭格拉第，即古希腊哲学家Socrates（公元前469—前399），今译“苏格拉底”。

2 比圭黎，即英国哲学家George Berkeley（1685—1753），今译“贝克莱”。而“黑智儿”是德国哲学家Georg Wilhelm Friedrich Hegel（1770—1831），今译“黑格尔”。梁启超在此，虽将两者混为一人；可在某种意义上，这两人却也均持“知行合一”之论。

生观之，则亦其人未尝有知而已。然使其果纯为未尝有知也，则犹有冀焉，冀其一知而即行也。若知而不行，则无冀焉矣。抑天下只有知而不行之人，断无纯然未尝有知之人。何以故？知无不良故。虽极不孝之子，其良知未尝不知孝之可贵；虽极不忠之臣，其良知未尝不知忠之可贵。而今世之坐视国难、败坏公德者，其良知未尝不知爱国、合群之可贵。知其可贵而犹尔尔者，则亦不肯从事于致之之功而已。有良知而不肯从事于致之之功，是欺其良知也。质而言之，则伪而已矣。人而至于伪，乃小人而无忌惮也。阳明先生必提挈知行合一，以为致良知之注脚，为此也夫，为此也夫！

启超又案：既明知行合一之义，即非徒识良知之原理，且能知良知之应用。而所谓致良知之学，非徒独善其身，迂阔而不足以救世变者，甚明矣。今更举子王子之语以证之。

爱曰："如事父一事，其间温凊定省之类，有许多节目，亦须讲求否？"曰："如何不讲求？只是有个头脑，只就此心去人欲、存天理上讲求。如讲求冬温，也只是要尽此心之孝，恐怕有一毫人欲间杂；讲求夏凊，也只要尽此心之孝，恐怕有一毫人欲间杂。此心若无人欲，纯是天理，是个诚于孝亲之心，冬时自然思量父母寒，自去求温的道理；夏时自然思量父母热，自去求清的道理。”（王阳明）

启超谨案：此言为道与为学两不相妨也。为道日损，故此心不许有一毫人欲间杂；为学日益，故讲求许多条理节目。然既有日损之道，则日益之学乃正所以为此道之应用也。且既有日损之道，自不得不生出日益之学以为之应用也。如诚有爱国之心，自能思量某种某种科学是国家不可缺的，自不得不去研究之；又能思量某种某种事项是国家必当行的，自不得不去调查之。研究也，调查也，皆从爱国心之一源所流出也，故曰“如何不讲求”也？但吾之所以研究此、调查此，必须全出于爱国之一目的，不可别有所为而为之。苟别有所为而为之，则是人欲间杂也，故曰须“有个头脑”也。由是言之，讲王学与谈时务，果相妨乎？

只要良知真切，虽做举业，亦不为心累。（中略）任他读书，只是调摄此心而已，何累之有？（王阳明）

启超谨案：程子言“举业不患妨功，惟患夺志”，王子此言，正本于彼。夫学至举业，可谓污贱矣，然苟良知真切，犹不为心累。然则日日入学校习科学，更何能累之有？故世有以讲道学为妨科学，而因以废道学者，可以前条正之。又或以讲科学为妨道学，而因以废科学者，可以本条正之。但惟患夺志一语，最当注意。刻刻在学校习科学，刻刻提醒良知，一丝不放过，此学之要也。

良知明白，随你去静处体悟也好，随你去事上磨炼也好。（王阳明）

须在事上磨炼工夫得力。若只好静，遇事便乱，那静时工夫亦差，似收敛而实放溺也。（王阳明）

启超谨案：事上磨炼工夫，亦是王子立教一要点，益可见致良知非以独善其身也。

“道固自在，学亦自在，天下信之不为多，一人信之不为少”者，斯固君子“不见是而无闷”之心也。乃仆之情，则有大不得已者存乎其间，而非以计人之信与不信也。夫人者，天地之心，天地万物本吾一体者也。生民之荼毒困苦，孰非疾痛之切于吾身者乎？不知吾身之疾痛，无是非之心者也。是非之心，不虑而知，不学而能，所谓良知也。良知之在人心，无间于圣愚，天下古今之所同也。世之君子惟务致其良知，则自能公是非，同好恶，视人犹己，视国犹家，而以天地万物为一体，求天下无治，不可得矣。古之人所以能见善不啻若己出，见恶不啻若己入，视民之饥溺犹己之饥溺，而一夫不获若己推而纳诸沟中者，非故为是以蕲天下之信己也，务致其良知，求自慊而已。（中略）后世良知之学不明，天下之人用其私智以相比轧，是以人各有心，而偏琐僻陋之见，狡伪阴邪之术，至于不可胜说：外借仁义之名而内以行其自私自利之实，诡辞以阿俗，矫行以干誉，掩人之善而袭以为己长，讦人之私而窃以为己直，忿以相胜而犹谓之徇义，险以相倾而犹谓之疾恶，妒贤忌能而犹自以为公是非，恣情纵欲而犹自以为同好恶；相凌相贼，自其一家骨肉之亲，已不能无尔我胜负之意、彼此藩篱之形，而况于天下之大、民物之众，又何能一体而视之？则无怪于纷纷藉藉，而祸乱相寻于无穷矣。仆诚赖天之灵，偶有见于良知之学，以为必由之而后天下可得治，是以每念斯民之陷溺，则为之戚然痛心，忘其身之不肖而思以此救之，亦不自知其量者。天下之人见其若是，遂相与非笑而诋斥之，以为是病狂丧心之人耳。呜呼，是奚足恤哉！吾方疾痛之切体，而暇计人之非笑乎？人固有见其父子兄弟之坠溺于深渊者，呼号匍匐，裸跣颠顿，若此是病狂丧心者也。故夫揖让谈笑于溺人之傍而不知救，此惟行路之人，无亲戚骨肉之情者能之，然已谓之无恻隐之心非人矣。若夫在父子兄弟之爱者，则固未有不痛心疾首，狂奔气尽，匍匐以拯之，彼将陷溺之祸有不顾，而况于病狂丧心之讥乎？而又况于蕲人之信与不信乎？呜呼！今之人虽谓仆为病狂丧心之人，亦无不可矣。天下之人心皆吾之心也，天下之人犹有病狂者矣，吾安得而非病狂乎？犹有丧心者矣，吾安得而非丧心乎？昔者，孔子之在当时，有议其为谄者，有议其为佞者，（中略）则当时之不信夫子者，岂特十之二三而已乎？然而夫子汲汲遑遑，若求亡子于道路，而不暇暖席者，宁以期人之知我、信我而已哉？盖其天地万物一体之仁，疾痛迫切，虽欲已之而自有所不容已。（中略）若其遁世无闷，乐天知命者，则固无入而不自得，道并行而不相悖也。仆之不肖，何敢以夫子之道为己任？顾其心亦已稍知疾病之在身，是以彷徨四顾，将求其有助我者，相与讲去其病耳。今诚得豪杰同志之士，扶持匡翼，共明良知之学于天下，使天下之人皆知自致其良知，以相安相养，去其自私自利之蔽，一洗谗妒胜忿之习，以跻于大同，则仆之狂病固将脱然以愈，而终免于丧心之患矣。（王阳明）

启超谨案：此阳明先生与聂双江书也（双江，王门龙象，与钱绪山、王龙溪、王心斋、邹东廓齐名），字字是血，语语是泪，读之而不愤不悱者，非人矣。观此则知王学绝非独善其身之学，而救时良药未有切于是者。阳明先生之心，犹孔子、释迦、基督之心也，其言犹孔子、释迦、基督之言也，以为非以此易天下之人心，则天下终不得而理也，其一片恳切诚意溢于言表，不啻提我辈之耳而命之也。我辈虽听之藐藐，或腹诽而面诋之，先生惟有哀矜而无愤怒也。虽然，我辈不幸而不闻先生之言，则亦已耳；既已闻之，而犹不肯志先生之所志，学先生之所学，是自暴自弃也。自暴者，不可与有言也；自弃者，不可与有为也。今试问举国之人，苟皆如先生所谓用其私智以相比轧，假名以行其自私自利之习，乃至于其所最亲近而相凌相贼者，苟长若是，而吾国之前途尚可问乎？夫年来诸所谓爱国、合群之口头禅，人人能道，而于国事丝毫无补者，正坐是耳。《记》曰："不诚无物。"又曰："至诚而不动者，未之有也；不诚，未有能动者也。"[1]然则今日有志之士，惟有奉阳明先生为严师，刻刻以不欺良知一语，自勘其心髓之微；不宁惟是，且日以之责善于友朋，相与讲明此学

1 "不诚无物"出自《礼记·中庸》，而"至诚而不动者，未之有也；不诚，未有能动者也"出自《孟子·离娄上》。

以易天下。持此为矩，然后一切节目事变出焉。此矩不踰，则其所以救国者，无论宗旨如何、手段如何，皆百虑而一致，殊途而同归也。而不然者，则既不诚无物，一切宗旨手段皆安所丽？所谓闲说话而已。欧美诸国皆以景教为维系人心之的，日本则佛教最有力焉，而其维新以前所公认为造时势之豪杰，若中江藤树，若熊泽蕃山[1]，若大盐后素[2]，若吉田松阴[3]，若西乡南洲[4]，皆以王学式后辈，至今彼军人社会中，犹以王学为一种之信仰。夫日本军人之价值，既已为世界所共推矣，而岂知其一点之精神教育，实我子王子赐之也。我辈今日求精神教育，舍此更有何物？“抛却自家无尽藏，沿门托钵效贫儿”[5]，哀哉！

启超又案：子王子欲以致良知之义易天下之人心，似此究属可能之事耶？抑不可能之事耶？此实一疑问也。难

1 熊泽蕃山（1619—1691），名伯继，字了介，号蕃山，日本江户时代前期阳明学派最主要的代表人物。中江藤树门生。

2 大盐后素（1793—1837），字子起，通称平八郎，江户时代后期阳明学派儒者。大盐平八郎因为到处为穷人铤而走险，因而受到大多数明治维新志士的崇拜，他的英勇事迹鼓舞了志士的武力倒幕斗争，后来他被推崇为“民权的开宗”，成为自由民权论者攻击专制政府的一大精神支柱。

3 吉田松阴（1830—1859），名矩方，字义卿，号松阴，通称寅太郎。日本江户幕府末期思想家、教育家，阳明学派代表人物，明治维新的先驱者。

4 西乡南洲（1828—1877），名隆盛，号南洲，通称吉之助。日本江户时代末期的萨摩藩武士、军人、政治家，与木户孝允、大久保利通并称“维新三杰”。

5 参见《王文成公全书》卷之二十外集二“咏良知四首示诸生”之四：“无声无臭独知时，此是乾坤万有基。抛却自家无尽藏，沿门持钵效贫儿。”

者曰：“世界之所以进化，皆由人类之争自存。质而言之，则自私自利者，实人类所以自存之一要素也。今如子王子言，欲使天下之人皆自致其良知，去其自私自利，以跻于大同。其意固甚美，然我如是而人未必如是，我退而人进，恐其遂为人弱也。是所谓消极的道德，而非积极的道德也。”应之曰：“不然。无论功利主义不足为道德之极则也，即以功利主义论，而其所谓利者，必利于大我而后为真利。苟知有小我而不知有大我，则所谓利者，非利而恒为害也。而此大我之范围有广狭焉：以一家对一身，则一家为大我；以一地方对一家，则一地方为大我；以一民族、一国家对一地方，则民族国家为大我。如是者，其级累说不能尽，而此牺牲小我以顾全大我之一念，即所以去其自私自利之蔽，而跻于大同之券也。质而言之，则曰公利而已，曰公德而已。子王子所欲以易天下者，即是物也，而天演界争自存之理，亦岂能外是也？”难者又曰：“以子王子之魄力，终身提倡此义，而当时之人心，不闻其缘此而遽易。此可见其道至逆，而非可以达于天下也。”应之曰：“此其事之难，不俟论也。然乌可以难焉而已也？自古一代之学风，恒不过有力者数人倡之焉尔，而影响所及，其泽不斩者或数十年百年。曾文正之论人才，言之既博深切明矣（见《曾文正文集》），亦安见其不能易也？《诗》曰‘鼓钟于宫，声闻于外’，亦在有志者之自振而已。”

启超谨案：阳明先生提致良知三字为学鹄，本是彻上彻下工夫，当下具足，毫无流弊。惟先生没后，门下提挈本体，未免偏重，末学承流，展转失真，甚或贪易畏难，高语证悟，而阙于修持，则有仅言“良知”，而“致”之一字几成赘疣者。先生尝言依著良知做去，彼辈则依著良知而不做者也，是又先生所谓“不行不得谓之知”而已。故逮乎晚明，刘蕺山专标“慎独”以救王学末流，其功洵不在阳明下，然倡慎独非自蕺山始。今更述诸哲之学说以演此义，其亦本之本、原之原也欤？

谨独即是致良知。（王阳明）

言诚，惟惺惺字为切。凡人所为不善，本体之灵自然能觉，觉而少有容留，便属自欺，欺则不惺惺矣。（季彭山　本）

圣人之学，只是谨独，独处人所不见闻，最为隐微，而己之见显，莫过于此。故独为独知，盖我所得于天之明命，我自知之，而非他人所能与者也。若闲思妄想，徇欲任情，此却是外物蔽吾心之明，不知所谨，不可以言见显矣。少有觉焉，而复容留将就，即为自欺。乃于人所见闻处，掩不善而著其善，虽点检于言行之间，一一合度，不遑有愆，亦属作伪，皆为自蔽其知也。（季彭山）

启超谨案：此总是发明“不欺良知”一语，必不欺乃为致。抱此一语，终身受用不尽。

谨于独知，即致知也；谨独之功不已，即力行也。故独知之外无知矣，常知之外无行矣，功夫何等简易耶？（季彭山）

日用之间，念虑初发，或善或恶，或公或私，岂不自知之？知其不当为而犹为之者，私欲之心重而恕己之心昏也。苟能于一起之时，察其为恶也，则猛省而力去之，去一恶念，则生一善念矣。念念去恶为善，则意之所发、心之所存皆天理，是之谓知行合一。知之非难，而行之为难。今曰“圣人之学，致良知而已。人人皆圣人也，吾心中自有一圣人，自能孝，自能弟”，而于念虑之微、取舍之际则未之讲，任其意向而为之，曰是吾之良知也。知行合一者，固如是乎？（顾箬溪　应祥）

启超谨案：此语为矫正龙溪学说而发，其言“恕己之心昏”，及“知之非难，行之为难”二语，最当切己体验。至其以致良知为未足者，岂知所谓致者，舍行外更无功耶？未可以龙溪病阳明也。

只于自心欺瞒不得处，当提醒作主。（罗念庵）

吾人须从起端发念处察识，于此有得，思过半矣。（何善山　廷仁）

人之真心，到鬼神前，毋论好丑，尽皆宣泄，有是不能泯灭处。（邓定宇　以赞）

启超谨案：景教之祈祷、忏悔，受用在此。

诚意功夫，只好恶不自欺其知耳。要不自欺其知，依旧在知上讨分晓，故曰“必慎其独”[1]。独是知体灵然不昧处，虽绝无声臭，然是非一些瞒他不得，自寂然自照，不与物对，故谓之独。须此处奉为严君，一好一恶皆敬依著他，方是慎。（万思默　廷言）

“小人”一节，或云自欺之蔽。不然，此正见他不受欺，人欺蔽他不得，所以可畏，不容不慎。盖此中全是天命至

1《大学》两言“必慎其独”：“所谓诚其意者，毋自欺也。如恶恶臭，如好好色，此之谓自谦。故君子必慎其独也。小人闲居为不善，无所不至，见君子而后厌然，掩其不善，而著其善。人之视己，如见其肝肺然，则何益矣？此谓诚于中形于外。故君子必慎其独也。”《中庸》一言“慎其独”：“天命之谓性，率性之谓道，修道之谓教。道也者，不可须臾离也，可离非道也。是故君子戒慎乎其所不睹，恐惧乎其所不闻。莫见乎隐，莫显乎微，故君子慎其独也。”

精，人为一毫污染不上，纵如何欺蔽，必要出头。缘他从天得来，纯清绝点，万古独真，谁欺得他？如别教有云："丈夫食少金刚，终竟不消，要穿出身外。何以故？金刚不与身中杂秽同止故。"[1]所以小人见君子，便厌然欲掩其不善，便肺肝如见。此厌此见，岂小人所欲？正是他实有此件在中，务穿过诸不善欺瞒处，由不得小人，必要形将出来，决不肯与不善共住，故谓之诚。诚则必形，所以至严可畏，意从此动，方谓之诚意，故君子必慎其独。若是由人欺蔽得，何严之有？（万思默）

启超谨案：此语勘得最透。小人厌然掩其不善者，正以自知之而自耻之也。盖有是非之心，所以有羞恶之心也，故曰知无不良也。致与不致，则只可责志耳。

除知无独，除自知无慎独。（邹南皋）

离独一步，便是人伪。（刘蕺山）

人心如谷种，满腔都是生意，嗜欲锢之而滞矣，然而生意未尝不在也，疏之而已耳；又如明镜，全体浑是光明，习染薰之而暗矣，然而明体未尝不存也，拂拭而已耳。惟有内

1 参见《大方广佛华严经》卷第五十二："譬如丈夫，食少金刚，终竟不消，要穿其身，出在于外。何以故？金刚不与肉身杂秽而同止故。"

起之贼，从意根受者不易除，更加气与之拘，物与之蔽，则表里夹攻，更无生意可留、明体可觌矣。君子惓惓于谨独也，以此。（刘蕺山）

问："有言圣贤道理圆通，门门可人，不必限定一路。"先生曰："毕竟只有慎独二字足以蔽之，别无门路多端可放步也。"（刘蕺山）

学者不必求之行事之著，而止求之念虑之微。一言以蔽之，曰诚而已矣。（刘蕺山）

自欺受病，已是出入人兽关头，更不加慎独之功，转入人伪。自此即见君子亦不复有厌然情状，一味挟智任术，色取行违[1]，进之则为乡愿，似忠信，似廉洁，欺天罔人，无所不至，犹宴然自以为是，全不识人间有廉耻事。（刘蕺山）

启超谨案：四书、六经，千言万语，其最鞭辟近里者，莫如《大学》"诚意"一章，发端即云"所谓诚其意者，毋自欺也"。"毋自欺"一语，已使学者更无一丝之路可以走趱，阳明所提致良知，实不外此义。顾不言诚意而言致良知者，以良知当下反省，人人自得，更易著力，实

1 "色取行违"，《明儒学案》卷六十二《蕺山学案》原文作"色取仁而行违"，且其后有"心体至此百碎"句，此处脱落。

则致知即诚意也。慎独为诚意关键，亦即为致知关键，故言致良知，自不必更言慎独，诚以致之之功，舍慎独更无他也。王子既没，门下提挈本体太重，而几忘有“致”字，故蕺山专提“慎独”以还其本意，非谓王子之教有未足，而更从而画其蛇足也。学者自求受用，则守致良知之口诀也可，守慎独之口诀也可，一而二，二而一耳，惟从此间放松一步，则不知其可也。

题解七　德育也属于通识教育吗?

如果前文中已经明确，中国的教育原就是“通识性”的，那么，我们现在则可以更加明确，如果根据儒学的理解与规定，这种“通识教育”无论在哪个阶段，都必须包含“德育”的固定内容；换句话说，人们决不能放弃任一阶段的“进德”，正如他们决不能放弃任一阶段的“进学”。甚至于，即使进而追求细部的专业知识，乃至投入具体的事功行业，如从一位儒者的深层心迹来看，那也首先要属于一种“进德修业”的深化形式。

（刘东：《德教释疑》第七章）

题解八　心学比理学强在哪里?

心学和理学之间的主要区别，还是显现在“尊德性”和“道问学”之间，或者再用梁启超的那个表述，还是显现在“为道日损”和“为学日益”之间。这就使得心学在相对的意义上，主要是显出了伦理学的色彩，且更其聚焦于个人的修养上；而非本体论的色彩，且更倚靠“万物一体”的超越性预设。无论如何，如果只是虚拟出作为自然的“天心”，那么以一种“主观的合目的性”的心态，去勾画出类似“田园诗”的牧歌情调，又吟哦出“维天之命，于穆不已”的诗句，这样的眼界尽管仍嫌幼稚，总还显得是天真烂漫思无邪；然而，一旦虚拟出作为人世的“天心”，再把这种对于“天人合一”的一厢情愿，越界地框套到有限的和历史性的、难免显出不合理的社会制度上，这就不再是天真烂漫思无邪，而只能令人反感、恐惧和窒息了。

（刘东：《德教释疑》第八章）

存养第四

良知之教简易直捷，一提便醒，固是不二法门，然曰“吾有是良知而已具足矣，无待修证”，是又与于自欺之甚者也。阳明以良知喻舟之有柁，最为确切，顾柁虽具而不持，则舟亦漂泊不知所届耳。修证之功有三：曰存养，曰省察，曰克治，三者一贯，而存养为之原。述存养第四。

大学之道，在明明德。(《记·大学》)

《集注》曰："明德者，人之所得乎天，而虚灵不昧，以具众理而应万事者也。但为气禀所拘，人欲所蔽，则有时而昏；然其本体之明，则有未尝息者。故学者当因其所发而遂明之，以复其初也。"

公都子曰："钧是人也，或为大人，或为小人，何也？"孟子曰："从其大体为大人，从其小体为小人。"曰："钧是人也，或从其大者，或从其小者，何也？"曰："耳目之官不思而蔽于物，物交物，则引之而已矣。心之官则思，思则得之，不思则不得也，此天之所以与我者。先立乎其大者，则其小者不能夺也。此为大人而已矣。”（《孟子》）

虽存乎人者，岂无仁义之心哉？其所以放其良心者，亦犹斧斤之于木也，旦旦而伐之，可以为美乎？及其日夜之所息，平旦之气，其好恶与人相近者几希，则其旦昼之所为，又梏亡之矣。梏之反覆，则其夜气不足以存；夜气不足以存，则其违禽兽不远矣。人见其禽兽也，而以为未尝有才焉者，是岂人之情也哉？故苟得其养，无物不长；苟失其养，无物不消。孔子曰："操则存，舍则亡。”（《孟子》）

“我善养吾浩然之气。”“敢问何谓浩然之气？”曰："难言也。其为气也，至大至刚，以直养而无害，则塞乎天地之间。其为气也，配义与道；无是，馁也。”（《孟子》）

人有鸡犬放，则知求之；有放心而不知求。学问之道无他，求其放心而已矣。（《孟子》）

五谷者，种之美者也；苟为不熟，不如荑稗。夫仁，亦在乎熟之而已矣。（《孟子》）

君子深造之以道，欲其自得之也。自得之则居之安，居之安则资之深，资之深则取之左右逢其原。（《孟子》）

治之要，在于知道。人何以知道？曰心。心何以知？

曰：虚一而静。心未尝不臧（案：古藏字）也，然而有所谓虚；心未尝不满也，然而有所谓一；心未尝不动也，然而有所谓静。人生而有知，知而有志，志也者臧也，然而有所谓虚，不以所已臧害所将受，谓之虚。心生而有知，知而有异，异也者同时兼知之，同时兼知之，两也，然而有所谓一，不以夫（案：义同彼）一害此一，谓之一。心卧则梦，偷则自行（案：此言偷惰之时则心驰骛也，即孟子所谓放心），使之则谋（案：此言用之则能思虑也），故心未尝不动也，然而有所谓静，不以梦剧乱知（案：此言梦寐时及事物繁剧接拘时，不以乱其智慧也），谓之静。虚一而静，谓之大清明。凡观物有疑，中心不定，则外物不清。吾虑不清，则未可定然否也。冥冥而行者，见寝石以为伏虎也，见植林以为后人也（案：疑有人随其后也），冥冥蔽其明也。醉者越百步之沟，以为跬步之浍也，俯而出城门，以为小之闺也，酒乱其神也。厌目而视者，视一以为两；掩耳而听者，听漠漠以为哅哅：势乱其官也。从山上望牛者以为羊，而求羊者不下牵也，远蔽其大也；从山下望木者，十仞之木若箸，而求箸者不上折也，高蔽其长也。人心譬如盘水，正错（案：音措，义同置）而勿动，则湛浊在下，而清明在上，则足以见须眉而察理矣；微风过之，湛浊动乎下，清明乱于上，则不可以得大形之正也。心亦如是矣，故导之以理，养之以清，物莫之倾，则足以定是非、决嫌疑矣；小物引之，则其正外易，其心内倾，则不足以决庶理矣。(《荀子·解蔽篇》)

启超谨案：以上钞孔、孟、荀之言关于存养者，其解释俟诸下方。

启超又案：宋明儒不喜称道荀子，然荀子固孔学正传也。即如此文，言心理之现象及养心之不可以已，宋明儒千言万语未或能外之，故今具录以冠本章之端。

学在知其所有，又在养其所有。(程明道)

若不能存养，只是说话。(程明道)

涵养到著落处，心便清明高远。(程明道)

须是大其心使开阔，譬如为九层之台，须大做脚始得。(程明道)

吾曹常须爱养精力，精力稍不足则倦，所临事皆勉强而无诚意。接宾客语言尚可见，况临大事乎？(邢和叔　恕。和叔，二程门人也)

吕与叔尝言患思虑多，不能驱除。曰："此正如破屋中御寇，东面一人来未逐得，西面又一人至矣，左右前后，驱除不暇。盖其四面空疏，盗固易入，人无缘作得主定。又如虚器入水，水自然入，若以一器实之以水，置之水中，水何能入来？盖中有主则实，实则外患不能入，自然无事。”（程伊川）

思虑要简省，烦则所存都昏惑。（张横渠）

心清时常少，乱时常多。其清时即视明听聪，四体不待羁束而自然恭谨，其乱时反是。如此者，何也？盖用心未熟，客虑多而常心少也，习俗之心未去而实心未全也。有时如失者，只为心生，若熟后自不然。当存其大者，存之熟后，小者可略。（张横渠）

程子言：“整齐严肃，则心便一，一则自无匪僻之干。此意但涵养久之，则天理自然明。”今不曾做得此工夫，胸中胶扰驳杂，如何穷得理一？（朱晦翁）

涵养是主人翁，省察是奴婢。（陆象山）

人须整理心下，使教莹净常惺惺地方好，此“敬以直内”[1]工夫也。嗟夫！不敬则不直，不直便昏昏倒了，万事从此隳，可不惧哉！（吴康斋）

身心须有安顿处，若无安顿处，则日惟扰扰于利害中而

1 参见《易传·文言·坤》：“‘直’，其正也；‘方’，其义也。君子敬以直内，义以方外，敬义立而德不孤。‘直方大，不习无不利’，则不疑其所行也。”

已。（吴康斋）

人收敛警醒，则气便清，心自明；才惰慢，便昏瞶也。（胡敬斋）

常沉静，则含蓄义理深，而应事有力。（薛敬轩）

学者先须理会气象，气象好时，百事自当。（陈白沙）

学者须收敛精神，譬如一炉火，聚则光焰四出，才拨开便昏黑了。（夏东岩）

学者要使事物纷扰之时，常如夜气一般。（王阳明）

吾辈通患，正如池面浮萍，随开随蔽。未论江海，但在活水，浮萍即不能蔽。何者？活水有源，池水无源，有源者由己，无源者从物，故凡不息者有源，作辍者皆无源故耳。（王阳明）

闲时能不闲，忙时能不忙，方是不为境所转。（王龙溪）

学有可以一言尽者，有不可以一言尽者。如收敛精神，并归一处，常令凝聚，能为万物万事主宰，此可一言而尽，亦可以一息测识而悟。惟夫出入于酬应，牵引于情思，转移于利害，缠固于计算，则微暧万变，孔窍百出，非坚心苦志，持之岁月，万死一生，莫能几及也。（罗念庵）

向人说得伸，写得出，解得去，谓之有才则可，于学问丝毫无与也。学问之道，须于众人场中易鹘突者，条理分

明，一丝不乱。此非平日有涵养镇静之功，小大不疑，安能及此？（罗念庵）

果能收敛翕聚，如婴儿保护，自能孩笑，自能饮食，自能行走，岂容一毫人力安排？试于临民时验之，稍停详妥贴，言动喜怒，自是不差；稍周章忽略，便有可悔。从前为“良知时时见在”一句误却，欠却培养一段功夫，培养原属收敛翕聚。甲辰夏，因静坐十日，恍恍见得，又被龙溪诸君一句转了，总为自家用功不深，内虚易摇也。孟子言“皆有怵惕恻隐之心”，由于“乍见”；言“平旦好恶与人相近”，由于“夜气所息”；未尝言“时时有是心”也：末后四端须扩而充之，自然火然泉达，可以保四海；夜气苟得其养，无物不长，所以须养者，缘此心至易动故也；未尝言“时时便可致用，皆可保四海”也。扩充不在四端后，却在尝无内交、要誉、恶声之心，所谓以直养也。养是常息此心，常如夜之所息，如是则时时可似“乍见”与“平旦”时，此圣贤苦心语也。阳明拈出良知，上面添一致字，便是扩养之意。良知“良”字，乃是发而中节之和，其所以良者，要非思为可及，所谓不虑而知，正提出本来头面也。今却尽以知觉发用处为良知，至又易“致”字为“依”字，则是只有发用无生聚矣。木常发荣必速槁，人常动用必速死，天地犹有闭藏，况于人乎？是故必有未发之中，方有发而中节之和；必有廓然大公，方有物来顺应之感。平日作文字，只谩说过去，更不知未发与廓然处何在，如何用功，诚鹘突半生也。真扩养得，便是集义，自浩然不夺于外，此非一朝一夕可得。然一朝一夕，亦便小小有验，但不足放乎四海。譬之操舟，舵不应手，不免横撑直驾，终是费力。时时培此，却是最密地也。（罗念庵）

吾人于一日十二时中，精神意志皆有安顿处，方有进步处。（耿天台）

涵养要九分，省察只消一分，若没涵养，就省察得，也没力量降伏那私欲。（吕心吾）

涵养不定的，自初生至盖棺时，凡几变，即知识已到，尚保不定毕竟作何种人。所以学者要德性坚定，到坚定时，随常变、穷达、生死，只一般，即有难料理处，亦能把持。若平日不遇事时，尽算好人，一遇个小小题目，便考出本态。假遇着难者、大者，知成个甚么人？所以古人不可轻易笑，恐我当此，未便在渠上也。（吕心吾）

人到生死不乱，方是得手。居常当归并精神一路，毋令漏泄。（唐凝庵　鹤徵）

人要于身心不自在处，究竟一个著落，所谓困心衡虑也。

若于此蹉过，便是困而不学。（高景逸　攀龙）

谋国者，固本自强而外患自戢；治病者，调养元气而客邪自散。若独思御患，则御之之术即患所生；专攻客邪，则府脏先伤而邪传不已。礼已复而己未尽克，其以省察克治自易；克己而不复礼，其害终身不瘳。（王船山　夫之）

启超谨案：以上所钞，凡以明存养之功之不可以已也。约而举之，凡有五要：

（一）有存养之功则常莹明，无之则昏暗。如明镜然，时时勤拂拭，勿使惹尘埃，则念虑之发，事物之来，吾皆灼然见其本相，而应之无所于瞀。夫良知，固尽人所生而有者也，然能受良知之用者，万不得一，何也？则本体不莹故也。譬彼病目，见空中华，空本无华，以目病故，故研朱可以成碧，指鹿可以为马。若循其嗌昧者而认为良知之作用，其误谬将不可纪极。夫心理学上有所谓幻觉者，其原因由来复之念端与当境之知觉和合有误而生，荀子所谓“见寝石以为伏虎，见植林以为后人”，此人类普通性质所同有。凡此之类，与梦之原理相通，列子所称“藉带而寝则梦蛇，飞鸟衔发则梦飞”，是其理也。然此幻觉所由起，必以内心所种为远因，而以外境所触为近因。郑人相惊以伯有，其心中先有畏伯有者存也；齐襄见豕而以为公子彭生，其心中先有畏彭生者存也，皆有他物以障其明，然后幻生焉。不先除此障，而欲幻之不起，其道无由。列子又称至人无梦，何以能无梦？本心常莹，而幻不侵也。夫幻之误人，岂徒前此所举诸实例、诸小节而已？如人有生必有死，死固无可畏者，而何以皆畏之？幻觉故也。富贵利禄，不过供吾耳目口体短期之快乐，耳目口体，物而非我（下文言之），吾何为自苦而乐彼物？富贵利禄，无可恋者，而何以皆恋之？幻觉故也。夫畏其无可畏者，而恋其无可恋者，此与豕之本无可怖而齐襄怖之，则何以异也？故吾人终其身醉梦于此幻觉场中，而无一时清醒白地，可怜孰甚焉？而存养云者，则使吾心常惺惺不昧而此幻觉无从入也，此自得之道也。若语其应用，则吾辈生文明大开之今日，社会之事物千复万杂，非智慧增进，不足以察其变而穷其理，研其几而神其用。无论读书治事，皆恃此一点灵明以钥之。以幻觉读书，何以能排旧见而悟真理？以幻觉治事，何以能应时势而蕲成功？是犹无土地、资本、劳力而欲殖富也。由此言之，存养者，非徒德育之范围，而又智育所必当有事也。

（二）有存养之功则常强立，无之则软倒。《记》称："庄敬日强，安肆日偷。"其言精绝，盖深明夫心理与生理之关系然也。生理学家言，吾人脑中有一种无价之宝，名曰爱耐卢尼[1]，实一切活力之本营，吾人所以能研究新理想，担荷大事业者，皆于此物焉赖。此物者，不爱惜之不可，不爱惜则妄消耗之于无用之地，而其原力日以减杀；太爱惜之又不可，太爱惜则又厝置之于无用之地，而本能无从发达（生物学家言，凡生物之官体久废不用者，则渐失其本能。如人类本有腮，男子本有乳，皆以不用而渐无之。野蛮人口齿大，愈文明则愈小，诸如此类，其例不胜枚举）。故吾辈当常使此爱耐卢尼，运用有节，而适得其宜。夫饱食终日，无所用心者，此厝置之于无用之地者也。故陆子曰“精神不运则愚，血脉不运则病”，曾文正曰“精神愈用则愈出，阳气愈提则愈盛”，此皆与“日强”“日偷”之理相发明者也。虽然，彼饱食终日、无所用心者，其心卒不能无所寄顿，不寄顿于有用则寄顿于无用耳。故无数闲思杂念，刻刻相与为缘，而其消耗此爱耐卢尼，反漫无节制，神经甚疲，而不能自振。观夫悲秋之士，怀春之女，终日多愁多病，睹一切景物，皆若甚无聊赖，度一刻光阴，皆若甚难消遣，卒至体质日以羸弱，志气日以销沉。凡此皆其滥费此

1“爱耐卢尼”：民国时“energy”的音译，能量、精力的意思。

爱耐卢尼之证也。由此言之，存养者，非徒德育之范围，而又体育所必当有事也。

（三）有存养之功则常整暇，无之则纷扰。治者吉事也，乱者凶事也，治乱之象，非徒于国有之，于家有之，即身心亦然。人而为乱人，则人格已丧失而无所余矣。起居无节，言语无序，身之乱也；憧憧往来，朋从尔思，心之乱也。然必有心乱而后有身乱，故欲治其身，亦先治其心而已。英儒边沁[1]以苦乐为善恶之标准，在近世哲学界称一新发明焉。然真苦真乐，必不存于躯壳，而存于心魂。躯苦而魂乐，真乐也；躯乐而魂苦，真苦也。吾侪试自验吾心魂最乐之时，当有数境：其一、步旷野，吸新空气，观杂花芳草，欣欣有生意，或乘海船，御天风，听海涛，翛翛有出尘之想，当此之时，心魂最乐；其一、与二三素心人，促膝论学或论事，论锋针接，当此之时，心魂最乐；其一、读书穷理，忽然有悟有得，当此之时，心魂最乐；其一、运动躯体，勤劳之后，恬然放下，当此之时，心魂最乐。凡诸此境界，尽人所间有，而不能常有。当其有之，

---

1 边沁（Jeremy Bentham，1748—1832），英国法理学家、功利主义哲学家、经济学家和社会改革者。他是一个政治上的激进分子，亦是英国法律改革运动的先驱和领袖，并以功利主义哲学的创立者、动物权利的宣扬者以及自然权利的反对者而闻名于世。他还对社会福利制度的发展有重大贡献。

乐莫甚焉，其所以然者，则以此一刹那顷，忽举吾心魂超然于尘网之外，胸中无一杂念以渣滓于其间也。反是而其最苦者，则家人之聒噪，恶客之杂遝，利害之计较，得失之营注。虽形骸之欲，或甚纵然自满，而心中无限困衡烦恼。此极端苦乐之两境，无论何人，内自审之，莫不皆然也。然则乱其心而不知治者，终身为僇民而已。此以言其自得也。若语于应用，则吾辈既非厌世者流，不得不接事物，志愿愈大，其所接事物愈多。若非有道焉自约其心理，使有秩序，则如统百万之众而无主帅，号令棼如，安得不溃。故凡遇事张皇而丧其所守者，皆乱之为害也。

（四）有存养之功则能虚受，无之则闭塞。心理如明镜然，惟无一象，故能受万象。吾辈之为学，欲进其学也，欲进其学则不得不求理想之日新（横渠所谓濯去旧见，以来新知）；吾辈之治事，欲善其事也，欲善其事则不得不求条理之晰备。而此二者，非胸次洞然无芥蒂，则其效不可见。善夫！吾友蒋智由[1]氏之言也，曰："吾人意识之区域，若有一种之观念占领，则他观念无发生之机。譬有一忧虑之事不能解释，其时意识之区域皆为此忧虑所充满，而他观念皆在所摈

1 蒋智由（1865—1929），中国近代诗人，原名国亮，字观云、星侪、心斋，号因明子，浙江诸暨紫东乡浒山村人。

拒之列。而意识区域之占领，又有二种：一、单一之占领，一、杂多之占领。单一占领者，如爱慕一物，念念不能舍是也；杂多占领者，驰鹜纷扰、散乱集沓之心是也。故必先清净其心，无逐于外缘，无纷于内扰，使意识之区域，洞洞然不储一物，而后理境上之观念生焉，鸢飞鱼跃，自呈活泼之机。”此即荀子所谓“不以所已藏害所将受”也。由此言之，吾辈苟不欲活用此学以济天下，则亦已耳；苟其欲之，则洁除心地之一层工夫，安可以不致力也！

（五）有存养之功则常坚定，无之则动摇。孟子之得力，在不动心，而其工夫在养吾浩然之气。夫天下未有风吹草动，毫不自主，而能任大事者也。虽然，不动心之义，言之似易，能之实难。富贵、贫贱、威武、造次、颠沛、利害、毁誉、称讥、苦乐，种种外境，客贼相乘，不夺于此，则夺于彼。吾侪试默数数年来所见朋辈中，有昔者共指为志士，谓前途最有希望者，而今已一落千丈，比比皆是。岂必其人立身伊始，即自定此欺饰之局，谓不过欲为此以钓数寒暑间之名誉也？彼其受外界之刺激，不知不觉而为之奴隶，其堕落也，其纯不能自由者也。吾自审根器，能厚于彼辈者几何？吾今者未入社会，未受刺激，尚苶然差能自保，一旦与彼辈处同一之境遇，则化之矣。

就使吾根器稍优于彼辈，即与彼辈处同一之境遇，未必化之，虽然，又当知彼辈所处之境遇，非其刺激之最大者也。客贼之相胁迫也无穷，语曰“道高一尺，魔高一丈”，甲关既过，又有乙关，乙关既过，又有丙关，如是相引，以至无垠。使吾他日所遇可歆、可怖、可厌之境，有稍甚于彼辈者，吾能无变乎？浸假又有远甚于彼辈者，吾卒能无变乎？庄生曰：“与接为拘，日与心斗。”[1]吾人终其身皆立于物我剧战之地位（以己身对于他人之身，则己身为我，而他人为物；以己之心灵对于己之躯壳，则心灵为我，而躯壳为物。故言“我”者，有广义之我，有狭义之我。此文之“我”，即指其狭义者。孟子曰：“耳目之官不思而蔽于物，物交物，则引之而已矣。”上“物”指社会种种外境界，下物指耳目之官，以心灵之我对之，则两者皆物也。此文之“物”，兼指两种物而言），而能得最后之战利者，千无一焉。吕心吾所谓“勿轻易笑人，恐我当此，亦未便在渠上”，诚警策之言也。然则胜利之道奈何？兵法曰：“先为不可胜，以待敌之可胜。”又曰：“毋恃敌不来，恃我有以待之。”[2]今世之谋国者，持武装平和主义，务扩充军备，使其力有余于自卫，然后一切外患，无取于慑。夫治心之

1 见《庄子·齐物论》：“其寐也魂交，其觉也形开，与接为构，日以心斗。”梁启超在这里把“日以心斗”中的“以”写成了“与”。
2 这两句话分别出自《孙子兵法》之《军形第四》和《九变第八》。

道，亦若是则已耳。小程子之言曰“中有主则实，实则外患不能入”，是其义也。夫意识之区域，苟有一种之观念占领，则他观念无从发生，夫既言之矣，然为恶观念所占领，则善观念固无从发生；为善观念所占领，则恶观念亦无从发生，其比例正同。由前之说，所谓虚而后能受也，以廓清恶念，为容纳善念之地也；由后之说，所谓实而后能主也，以保持善念，为拒绝恶念之功也，两者交修而互相成也。夫所谓善念、恶念之界说何也？念端之属于能动者，则为善念（能动者，我自欲如此则如此，能力在我也）；其属于受动者，则为恶念（受动者，此种念端，吾明知其不可发，而为外境所夺，不能自制也）。时时立于能动之地位，是曰主人；时时立于受动之地位，是曰奴隶。时而能动，时而受动，间杂错出，则出入于主奴之间，而易堕于奴。日兢兢焉，保持此能动之资格，拳拳服膺而勿失，然后不退转之旨乃可得而几也。

以上五义，略举之而未能尽也。要之，吾辈之生命，本躯壳与心魂二者和合而成，虽谓一人而有二种之生命可也。此二种之生命，苟缺其一，则人格倏已消灭。躯壳之生命，日必有以养之，一日不食而疲，三日不食而病，七日不食而死矣。心魂之生命何独不然？毋恃我有美质，而谓功力之可以已也。虽有壮躯，而饔飧必不可废；虽有良知，而存养必不可怠。古今中外哲人，莫不拳拳焉，以此为第一大事。学者慎勿以迂腐二字抹倒之，坐戕其生命之一种而不自爱也。

启超谨案：既明存养工夫之紧要，今当次述其用功之法。先哲所标，大率以主敬、主静两义为宗派。以启超绎之，尚有主观之一法门。佛教天台宗标止观二义，所谓主静者，本属于止之范围，而先儒言静者实兼有观之作用，必辅以观，然后静之用乃神。故今类钞之，以为存养之三纲。

修己以敬。（《论语》）

颜渊问仁，子曰："克己复礼为仁。"请问其目，子曰："非礼勿视，非礼勿听，非礼勿言，非礼勿动。"（《论语》）

仲弓问仁，子曰："出门如见大宾，使民如承大祭。"（《论语》）

子张问行，子曰："言忠信，行笃敬。"（《论语》）

君子无众寡，无小大，无敢慢。（《论语》）

居处恭，执事敬，虽至夷狄，不可弃也。[1]（《论语》）

1 参见《论语·子路第十三》："樊迟问仁。子曰：'居处恭，执事敬，与人忠，虽之夷狄，不可弃也。'"梁启超这里省略了"与人忠"三字。

毋不敬，俨若思。若夫坐如尸，立如斋。(《记·曲礼》)

致礼以治躬则庄敬，庄敬则严威。外貌斯须不庄不敬，而易慢之心入之矣。(《记·乐记》)

启超谨案：此古代主敬派之存养说也。孔子言存养，率以敬为主。

一敬可以胜百邪。(程明道)

毋不敬，可以对越[1]上帝。(程明道)

涵养须用敬，进学则在致知。(程伊川)

入道莫如敬，未有能致知而不在敬者。(程伊川)

只是严肃整齐，则心便一；一则自无非僻之干。此意但涵养久之，则天理自然明白。(程伊川)

《记》中说："君子庄敬日强，安肆日偷。"盖常人之情，才放肆则日就旷荡，才检束则日就规矩。(程伊川)

懈心一生，便是自暴自弃。(程伊川)

正心之始，当以己心为严师，凡所动作，则知所惧。如此一二年间，守得牢固，则自然心正矣。(张横渠)

以敬为主，则内外肃然，不忘不助而心自存。不知以敬

1 "对越"犹"对扬"，答谢颂扬的意思。《诗经·周颂·清庙》："对越在天。"

为主而欲存心，则不免将一个心把捉一个心，外面未有一事时，里面已有三头两绪，不胜其扰也。就使实能把捉得住，只此已是大病，况未必真能把捉得住乎？（朱晦翁）

敬字似甚字？却甚似个畏字，不是块然兀坐，耳无闻，目无见，全不省事之谓。只收敛身心，整齐纯一，不恁地放纵，便是敬。（朱晦翁）

截断严整之时多，则胶胶扰扰之时少。（朱晦翁）

“小心翼翼，昭事上帝”，“上帝临汝，无贰尔心”[1]，战战兢兢，那有闲管时候？（陆象山）

吾心才欲检束，四体便自悚然矣。外既不敢妄动，内亦不敢妄思，交养之道也。（魏庄渠）

无事时得一偷字，有事时得一乱字。（刘蕺山）

小人只是无忌惮，便结果一生。至《大学》止言“闲居为不善”耳，闲居时有何不善可为？只是一种懒散精神，漫无著落处，便是万恶渊薮，正是小人无忌惮处，可畏哉！（刘蕺山）

懒散二字，立身之贼也。千德万业，日怠废而无成；千罪万恶，日横恣而无制，皆此二字为之。（吕心吾）

1 见《诗经·大雅·大明》。

存心则缉熙光明，如日之升；修容则正位凝命，如鼎之镇。内外交养，敬义夹持，何患无上达？（曾涤生）

主敬者，外而整齐严肃，内而专静纯一，齐庄不懈，故身强。（曾涤生）

敬字切近之效，尤在能固人肌肤之会、筋骸之束。庄敬日强，安肆日偷，皆自然之征应。虽有衰年病躯，一遇坛庙献祭之时，战阵危急之际，亦不觉神为之悚、气为之振，斯足知敬能使人身强矣。若人无众寡，事无大小，一一恭敬，不敢懒慢，则身体之强健，又何疑乎？（曾涤生）

启超谨案：以上主敬说之大概也。大抵小程子及朱子言养心之法，率主居敬，所谓程朱派也，白沙诗云“吾道有宗主，千秋朱紫阳，说敬不离口，示我入德方”是也。然陆子常称道“小心翼翼”“上帝临汝”数语，则亦何尝不言敬？罗念庵，江右王学之宗也，亦常书陆子此语以自厉，然则陆王学不废敬明矣。蕺山解“小人闲居为不善”，谓懒散精神、漫无著落，便是万恶渊薮，可谓警切。兵家所谓暮气，物理学所谓惰力，即此物也。此物一来袭于吾躬，则万事一齐放倒了，而敬即驱除此物第一之利器也。敬之妙用，全在以制外为养中之助。盖我辈德业之所以不进，其原因虽多端，然总不出为外境界之所牵。外境界之所能牵者，眼耳鼻舌身也，孟子所谓物交物也。而眼耳鼻舌身既被牵，则意根随而动摇，孟子所谓则“引之而已矣”，又曰“气一则动志”也。展转缠缚，主客易位，而势遂不足以相敌。敬也者，即检制客贼而杀其力者也。客力杀，然后主力乃得而增长也，故曰内外交养也。古哲所以重提主敬之功者，其理由不外是。

启超又案：曾文正发明主敬则身强之理，视宋明儒主敬说更加切实，盖德育而兼体育矣。司马温公亦言“修心以正，保躬以静”，则言主静而身强也，与曾说可相发明。

启超又案：曾文正又尝有楹联云：“禽里还人，静从敬出。”文正盖兼主敬、静者，而以敬为静之下手工夫，此其独见处，即其得力处也，《中庸》所谓“戒慎乎其所不睹，恐惧乎其所不闻”也。

学者须恭敬，但不可令拘迫，拘迫则难久也。（程伊川）

忘敬，然后毋不敬。（程伊川）

严威俨恪，非持敬之道，然敬须自此入。（程伊川）

人之于仪形，有是持养者，有是修饰者。（程伊川）

启超谨案：此言主敬不可过于矜持，过于矜持则又逐于外也。诸儒言此者甚多，今举伊川以该其余。

无思也，无为也，寂然不动，感而遂通天下之故。非天下之至神，其孰能与于此？（《易·系辞》）

知止而后有定，定而后能静，静而后能安，安而后能虑，虑而后能得。(《记·大学》)

持其志，无暴其气者，何也？曰："志一则动气，气一则动志也。今夫蹶者趋者，是气也，而反动其心。"(《孟子》)

必有事焉而勿正，心勿忘，勿助长也。(《孟子》)

其日夜之所息，平旦之气，其好恶与人相近也者几希，则其旦昼之所为，有梏亡之矣。梏之反覆，则其夜气不足以存。(《孟子》)

戒慎乎其所不睹，恐惧乎其所不闻，莫见乎隐，莫显乎微，故君子慎其独也。喜怒哀乐之未发，谓之中；发而皆中节，谓之和。(《记·中庸》)

人生而静，天之性也；感于物而动，性之欲也。物至知知，而后好恶形焉。好恶无节于内，知诱于外，不能返躬，天理灭矣。(《记·乐记》)

心虚一而静。虚一而静，谓之大清明。不以梦剧乱知，谓之静。(《荀子》)

启超谨案：此古代主静派之存养说也。孟子、荀子言存养皆以静为主，孟、荀皆孔门嫡传，庄子又称颜子有心斋之功，然则主静派亦出于孔门也。

启超又案：诸暨蒋氏有《中国古代定学考略》（见《新民丛报》第七十号），言主静之学出于黄帝而弘于道家，且历引庄、列之言以示其法程，其论甚精，可参观。

主静立人极。（周濂溪）

问圣可学乎？曰："可。"有要乎？曰："有。"请问焉？曰："一为要。一者无欲也，无欲则静虚动直：静虚则明，明则通；动直则公，公则溥。明通公溥，庶矣乎！"（周濂溪）

启超谨案：濂学者，宋明数百年间儒者所奉为祖师也，其渊源实出自种放、李之才、陈抟，则道家之支与流裔也，而儒者多讳之，实则何足讳，道家固出于我神祖黄帝也，特有附益驳杂耳。若定学则至道之原也，周子持此为鹄，宜其足以振一世。故今次于先秦学说录之。

程子每见人静坐，便叹其善学。

学者莫如以半日静坐，半日读书。（朱晦翁）

为学须从静坐中养出个端倪来，方有商量处。（陈白沙）

所谓静坐事，非欲坐禅入定。盖因吾辈平日为事物纷拏，未知为己，欲以此补小学收放心一段功夫耳。（王阳明）

学无分于动静者也。特以初学之士，纷扰日久，本心真机尽汩没蒙蔽于尘埃中，是以先觉立教，欲人于初下手时，暂省外事，稍息尘缘，于静坐中默识自心真面目，久之，邪障彻而灵光露，静固如是，动亦如是。到此时，终日应事接物，周旋于人情事变中而不舍，与静坐一体无二，此定静之所以先于能虑也。岂谓终身灭伦绝物，块然枯坐，徒守顽空冷静以为究竟哉？（王塘南）

圣学全不靠静，但各人禀赋不同，若精神短弱，决要静中培壅丰硕。收拾来便是良知，散漫去都成妄想。（高景逸）

各人病痛不同，大圣贤必有大精神，其主静只在寻常日用中。学者神短气浮，便须数十年静力，方得厚聚深培。而最受病处，在向无小学之教，浸染世俗，故俗根难拔。必埋头读书，使义理浃洽，变易其俗肠俗骨；澄神默坐，使尘妄消散，坚凝其正心正气，乃可耳。（高景逸）

静坐之法，唤醒此心，卓然常明，志无所适而已。志无所适，精神自然凝复，不待安排，勿著方所，勿思效验。初入静者，不知摄持之法，惟体贴圣贤切要之言，自有入处，静至三日，必臻妙境。（高景逸）

主静工夫，最难下手，姑为学者设方便法，且教之静坐。日用间除应事接物外，苟有余刻，且静坐。坐间本无一切事，即以无事付之，即无一切事，亦无一切心，无心之心，正是本心。瞥起则放下，沾滞则扫除，只与之常惺惺可也。此时伎俩，不合眼，不掩耳，不趺跏，不数息，不参话头，只在寻常日用中。有时倦则起，有时感则应，行住坐卧，都在静观，食息起居，都作静会。昔人所谓勿忘勿助间，未尝致纤毫之力，此其真消息也。故程子每见人静坐，便叹其善学，善学云者，只此是求放心亲切工夫。从此入门，即从此究竟，非徒小小方便而已。会得时立地圣域，不会得时终身只是狂驰了，更无别法可入。不会静坐，且学坐而已。学坐不成，更论恁学？坐如尸，坐时习，学者且从整齐严肃入，渐进于自然。《诗》云："相在尔室，尚不愧于屋漏。"又曰："神之格思，不可度思，矧可射思。"（刘蕺山）

启超谨案：右所钞者，静坐说也。静坐不足以尽主静之功，而主静之功必从静坐入手，故先儒皆以此为方便法门。吾辈日缠缚于外境，此心憧扰，无一刻暇适，苟非有静坐以药之，则日为躯壳之奴隶而已。吾每自验，苟一日缺静坐，则神气便昏浊许多。吾昔在美，人事繁杂，无士大夫之相与讲学，又无余晷以亲典籍，则惟于每来复日一诣景教之礼拜堂。吾志不在听其说法，而此一两点钟内，翛然若得安心立命之地，因益叹此境之万不可以无也。俗子每曰："今日事变亟矣，吾辈所宜为者多矣，乌能以此有用之日力，置诸无用之地？"是不然，天下固有无用之用。虚空至无用也，而一室之中，若无虚空，则不能转旋。睡眠至无用也，然一日之中，若无睡眠，则不能强健。然则无用与有用，其犹水火之相济也。况吾辈即不静坐，而此一日十二时中，岂竟无一刻消费于他种无用之业者？与其消费于他种，则曷若静坐？为彼说者，直自文耳。窃以为中年之人，已入世者，镇日憧扰于尘网中，则每日必割出一点钟或两点钟，为静坐之时刻，以养其元神。若夫青年正在学校者，每日讲堂上端坐之时刻既多，于卫生上不宜复久坐以滞血脉，则每日必当有一点钟或两点钟，不携伴侣，独自一人，散步公园，或其他空旷之地，而此散步时，必宁静其思虑，与静坐同一用功夫。如是，然后身心乃有所安顿也。大约每日中有一两点钟之收敛，则其清明之气，可以够一日受用矣。每日睡眠七八时以息其躬，每日静坐一二时以息其心，人道之要也。至于静坐之法，或数息，或视鼻端白，或参话头，凡此皆缘初学静时，腔子里意马心猿，骤难跧伏，故有所寄焉而助之以自制。蕺山谓不必尔尔，此为工夫稍熟者言也。若初学时，则此亦不可废耳。曾文正、李文忠每日在军中，必作端楷百字。格兰斯顿[1]每日必伐木，或立通衢数马车来往之数。凡此皆有所寄而助以自制也，皆数息、参话头之类也。

问:“每日暇时，略静坐以养心，但觉意自然纷起，要静越不静。”曰:“程子谓‘心自是活底事物，如何窒定教他不思？只是不可胡乱思。’才著个要静底意思，便添了多少思虑，且不要恁地拘迫他，须自有宁息时。”或问:“延平先生静坐之说如何？”曰:“这事难说。静坐便理会道理自不妨，只是专要静坐则不可。理会得道理明透，自然是静。今人都是讨静坐以省事则不可。盖心下热闹，如何看得道理出？须是静方看得出。所谓静坐，只是打叠心下无事耳。”（朱晦翁）

“思虑万起万灭，如之何？”曰:“此是本体不纯，故发用多杂。功夫只在主一，但觉思虑不齐，便截之使齐。立得个主宰，却于杂思虑中，先除邪思虑，以次除闲思虑。推勘到底，直与斩绝，不得放过。”（魏庄渠）

问:“先生教某静坐，坐时愈觉妄念纷扰，奈何？”曰:“待他供状自招也好，不然，且无从见矣。此有根株在，如

1 格兰斯顿，即 William Ewart Gladstone（1809—1898），19世纪英国首相，著名政治家。

何一一去得？不静坐，他何尝无？只是不觉耳。”（刘蕺山）

问：“人之思虑，有正有邪，若是大段邪僻之思都容易制，惟是许多无端头面、不紧要底思虑，不知何以制之？”曰：“此亦无他，只是觉得不当思量底，则莫要思量，便从觉下做工夫，久久纯熟，自然无此等思虑矣。譬如人坐不定者，两脚常要行，但才要行时，便自省觉不要行，久久纯熟，亦自然不要行而坐得定矣。前辈有欲澄治思虑者，于坐处置两器，每起一善念则投一粒白豆于器中，每起一恶念则投一粒黑豆于器中。初时黑豆多白豆少，后来白豆多黑豆少，到后来遂不复有黑豆，最后则虽白豆亦无之矣。然此只是个死法。若加以读书穷理底工夫，则去那不正底思虑，何难之有？又如人喜做不紧要事，如写字作诗之属，初时念念要做，更遏禁不得。若能将圣贤言语来玩味，见得义理分晓，则渐渐觉得此重彼轻，久久不知不觉，自然剥落消陨去。何必横生一念，要得别寻一捷径，尽去了意见，然后能如此？此皆是不耐烦去修治他一个身心了，作此见解。（朱晦翁）

凡习心混得去，皆缘日间太顺适，未有操持，如舵工相似，终日看舵，便不至瞌睡，到得习熟，即身即舵，无有两件。凡人学问真处，决定有操持收束，渐至其中，未有受用

见成者。（罗念庵）

静中如何便计较功效，只管久久见得此心有逐物、有不逐物时，却认不逐物时心为本，日间动作皆依不逐物之心照应，一逐物便当收回，愈久渐渐成熟。如此功夫，不知用多少日子方有定贴处，如何一两日坐后，就要他定贴动作不差，岂有此理！阳明先生叫人依良知，不是依眼前知解的良知，是此心瞒不过处，即所谓不逐物之心也。静中识认他，渐渐有可寻求耳。（罗念庵）

游思妄想，不必苦事禁遏。大抵人心不能无所用，但用之于学者既专，则一起一倒，都在这里，何暇及一切游思妄想？即这里处不无间断，忽然走作，吾立刻与之追究去，亦不至大为扰扰矣。此主客之势也。（刘蕺山）

启超谨案：以上所钞，言静坐时整理闲思杂念之法也。陆子曰："人心只爱去泊著事，教他弃事时，如猢狲失了树，便无住处。"此语真能道着人类普通性质。吾辈试一下静坐之功，其劈头最觉得苦者，必此一事也。实则如蕺山所谓不静坐时何尝无，特不自觉耳。譬如黴菌之病，在新医学未发明以前何尝无，特不觉耳。不觉而不治之，危险更甚。觉得时，虽治之甚难，然可治之机在此矣，白沙所谓"才觉病便是药也"。初时亦只有用强制之法，随一念之起而抑压之，勿令其自由，如魏庄渠所谓“截之使齐”，朱子所引前辈“澄治思虑”之死法是也。然即欲强制，亦不可无制之之具与制之之术，则仍莫如致良知一义。朱子所谓“便从觉下做工夫”，龙溪亦言“提醒本体，群妄自消”，念庵所谓“终日看舵，便不瞌睡”，良知即舵也，而其得力专在终日看之。吴王夫差常使人于侧曰：“夫差，而忘越人之杀而父乎？”则应曰：“不敢忘。”此提醒之法也。一不提醒则忘，忘则杂念侵之矣。故致良知之教，合下具足也。

启超又案：亡友谭浏阳尝为人书箑云：“静观断念，动成匠心。静观断念者何也？业识流注，念念相续，惟余般若，不能无缘，由此之彼，因牛及马，如树分枝，枝又成干，忽遇崎挠，中立亭亭，悬旌无薄，是名暂断。乘此微隙，视其如何复续？若竟不复续，意识断矣。动成匠心者何也？道绝言思，遇识成境，境无违顺，遇心成理，闻歌起舞，见泣生悲，非歌泣之足凭，有为悲乐之主者也。然则苟变其主，必得立地改观。所谓三界惟心，即匠心也。”浏阳昔与余同从事治心之学，浏阳以断念为下手方便，谓：“必枯树上灿葩，乃为真花；必死灰里发热，乃为真火。”故其致力于此也甚苦，晚年犹自言微细杂念不能肃清，顾其所造深矣！其品格事业之与人以共见者，真可谓能开枯树之花，能燃死灰之火者也。启超则谓不必断念，惟有提醒；苟能提醒，则我自作得主起，虽多念不妨。浏阳谓基础不牢，未可恃也，而启超今者德业日荒，愧死友多矣。若此两法门者，则学者任取其一，苟实心行之，亦皆可以自得耳。

所谓定者，动亦定，静亦定，无将迎，无内外。（中略）夫天地之常，以其心普万物而无心；圣人之常，以其情顺万物而无情。故君子之学，莫若廓然而大公，物来而顺应。《易》曰："贞吉，悔亡。憧憧往来，朋从尔思。"苟规规于外诱之除，将见灭于东而生于西也，非惟日之不足，顾其端无穷，不可得而除也。人之情各有所蔽，故不能适道，大率患在于自私而用智，自私则不能以有为为应迹，用智则不能以明觉为自然。今以恶外物之心，而求照无物之地，是反鉴而索照也。（中略）与其是内而非外，不若内外之两忘也。两忘，则澄然无事矣。无事则定，定则明，明则尚何应物之为累哉！（程明道《定性书》）

识得此理，以诚敬存之而已，不须防检，不须穷索。若心懈，则有防；心苟不懈，何防之有？理有未得，故须穷

索；存久自明，安待穷索？（程明道《识仁篇》）

启超谨案：大程子《定性》《识仁》两篇，宋元明数百年学者奉之为金科玉律，其价值殆比四书、六经，抑其精粹处，实亦不可诬也。寻常主敬、主静说，“时时勤拂拭，勿使惹尘埃”之义也；程子此篇，“本来无一物，何处惹尘埃”之义也。此为已学道之人说法，所谓百尺竿头、更进一步也。然初学未尝用功者，读之恐无所入，今更引后儒之语以解释之。

旁午之中，吾御之者，轇轕纷纭，而为事物所胜，此即憧憧之思也。从容闲雅，而在事物之上，此即寂然之渐也。由憧憧而应之，必或至于错谬；由寂然而应之，必自尽其条理，此即能寂与不能寂之验。由一日而百年可知也。一日之间，无动无静，皆由从容闲雅，进而至于澄然无事，未尝有厌事之念，即此乃身心安著处。安著于此，不患明之不足于照矣。渐入细微，久而成熟，即为自得。明道不言乎，“必有事焉而勿正，心勿忘，勿助长”，谓“未尝致纤毫之力，此其存之之道”。夫“必有事”者，言乎心之常止于是；“勿忘助”者，言乎常止之无所增损；“未尝致纤毫之力”者，言乎从容闲雅，又若未尝有所事事。如此而后可以积久成熟，

而入细微，盖为学之彀率也。（罗念庵）

此学日入密处，纷纭轇轕中，自得泰然，不烦照应。“不烦照应”一语，双老[1]所极恶闻，却是极用力，全体不相污染，乃有此景。如无为寇之念，纵百念纵横，断不须照应，始无此念。明道“不须防检，不待穷索”，“未尝致纤毫之力”，意正如此。（罗念庵）

千古病痛，在入处防闲，到既入后，濯洗纵放，终非根论。周子“无欲”，程子“定性”，皆率指此。置身千仞，则坎蛙穴螺争竞，岂特不足以当吾一视；著脚泥淖，得片瓦拳石，皆性命视之，此根论大抵象也。到此识见既别，却犯手入场，皆吾游刃。老叟与群儿调戏，终不成忧其搅溷吾心。但防闲入处，非有高睨宇宙，狠断俗情，未可容易承当也。（罗念庵）

启超谨案：此念庵引申明道之说也，其谓“虽百念纵横，然为寇之念，不必防闲而始无”，又言“老叟与群儿调戏，必不忧其搅溷”，可谓善喻。质言之，则曰：见大者，心泰而已，孟子所谓“先立乎其大者，则其小者不能

1“双老”当指聂双江（聂豹），为念庵讲学好友。聂豹（1487—1563），字文蔚，号双江，江西吉安永丰人。正德十二年（1517年）考中进士，为平阳知府，官至兵部尚书。是明代有名的廉吏之一，名垂青史。聂豹推崇王阳明的“致良知”学说，以阳明为师，但他认为良知不是现成的，要通过“动静无心，内外两忘”的涵养功夫才能达到。

夺也”。曲巷妇妪，可以争一钱之故相勃溪，拥巨万者即不尔尔，何也？此戋戋者诚不足以芥其胸也。学道之士，其视人世间一切动心之具，亦拥巨万者之视一钱已耳。故诚有不须防检、不须照应者，念庵又言“以身在天地间负荷，即一切俗情，自难染污”，是其义也。然此造诣正不易到。既拥巨万，自不争一钱，然何以能拥巨万？则其致之也必有道，非饱食而嬉，天雨之金也。心既纯熟，外物自不能动。然心何以能熟？则其养之也必有事，非摭拾口头禅遂能自得也。故程子之语，为已学道者描写其气象，非为始学道者示之法程也。

静坐之法，不用一毫安排，只平平常常，默然静去。此平常二字，不可容易看过，即性体也。以其清净不容一物，故谓之平常。画前之《易》如此，人生而静以上如此，喜怒哀乐未发如此，乃天理之自然，须在人各各自体贴出，方是自得。静中妄念，强除不得，真体既显，妄念自息。昏气亦强除不得，妄念既净，昏气自清。只体认本性原来本色，还他湛然而已。大抵著一毫意不得，著一毫见不得，才添一念，便失本色。由静而动，亦只平平常常，湛然动去。静时与动时一色，动时与静时一色，所以一色者，只是一个平常也，故曰无动无静。学者不过借静坐中，认此无动无静之体云尔。静中得力，方是动中真得力；动中得力，方是静中真得力。所谓敬者此也，所谓仁者此也，所谓诚者此也，是复性之道也。

前静坐说，观之犹未备也。夫静坐之法，入门者藉以涵养，初学者藉以入门。彼夫初入之心，妄念胶结，何从而见平常之体乎？平常则散漫去矣，故必收敛身心以主于一。一即平常之体也，主则有意存焉，此意亦非著意，盖心中无事之谓一，著意则非一也。不著意而谓之意者，但从衣冠瞻视间，整齐严肃，则心自一，渐久渐熟，平常矣。故主一之学，成始成终者也。（高景逸）

来谕谓："此心之中，无欲即静，遇事时不觉交战，便是得力。"所言甚善，尚有不得不论者。盖"无欲即静"，与周子《图说》[1]内自注"无欲故静"之说，亦略相似。其谓"遇事时不觉交战，便是得力"，亦谓心中有主，不为事物所胜云耳。然尝闻之程子曰"为学不可不知用力处，既学不可不知得力处"，周子曰"养心莫善于寡欲，寡之又寡，以至于无"，正不在得力而在于知所以用力，不在无欲而在寡欲耳。

1《图说》，即周敦颐《太极图说》。

学必寡欲而后无欲，知用力而后知得力，此其工夫渐次，有不可躐而进者。若执事所用，恐不免失之太早，如贫人说富，如学子论大贤功效体当，自家终无受用时也。仆之所谓主静者，正在寡欲，正在求所以用力处，亦不过求之于心，体之于心，验之于心。盖心为事胜，与物交战，皆欲为之累。仆之所谓主静者，正以寻欲所从生之根而拔去之，如逐贼者，必求贼所潜入之处而驱逐之也。是故善学者莫善于求静，能求静然后气得休息而良知发见。凡其思虑之烦杂，私欲之隐藏，自能觉察，自能拔去。是故无欲者本然之体也，寡欲者学问之要也，求静者寡欲之方也，戒惧者求静之功也。知用力而后得力处可得而言，无欲真体，常存常见矣。（黄致斋　宗明）

启超谨案：景逸静坐说前条亦引申明道之说，其后条则示下手之方，而归于整齐严肃，则又曾文正“静从敬出”之意也。黄致斋则以省察克治为存养之工夫矣。

今虽说主静，然亦非弃事物以求静。既为人，自然用事君亲，交朋友，抚妻子，御僮仆，不成捐弃了，只闭门静坐，事物之来，且曰：“候我存养！”又不可只茫茫随他事物中走，二者须有个思量倒断始得。动时也有静，顺理而应，则虽动亦静也，故曰“知止而后有定，定而后能静”。事物之来，若不顺理而应，则虽块然不交于物以求静，心亦不能得静。惟动时能顺理，则无事时能静；静时能存，则动时得力。须是动时也做工夫，静时也做工夫，两莫相靠，使工夫无间断始得。（朱晦翁）

启超谨案：此言主静之应用也，可以间执[1]排斥道学者之口。

启超谨案：主观派之存养说，中国古代道家者流言之最多。老子所谓：“常无欲，以观其妙；常有欲，以观其徼。”又曰：“致虚极，守静笃。万物并作，吾以观复。”庄子、列子，其言恢诡连犿，不可方物。要之，观之一义尽之，此不待天台教宗倡而始有止观之说也。至儒者，则未闻有专提此义为学鹄者，然《大学》言“心广体胖”，孟子言“万物皆备于我矣，反身而诚，乐莫大焉”，此皆以观而受用者。宋明儒者言观亦甚多，特未提以为宗耳。如周子言观天地生物气象，二程门下多言观喜怒哀乐未发时气象，皆是也。第观之法门不一，此其范围尚狭耳。南海先生昔赠余诗云：“登台惟见日，握发似非人。高立金

1 间执：堵塞。

轮顶，飞行银汉滨。午时伏龙虎，永夜视星辰。碧海如闻浅，乘槎欲问津。”午时伏龙虎，止也；永夜视星辰，观也。南海先生之学，多得力于观，亦常以此教学者。吾同学狄平子有句云：“繁星如豆人如蚁，独倚危楼望月明。”梁伯隽有句云：“甚情绪，向百尺高楼觑看行人路。”吾昔亦有句云：“世界无穷愿无尽，海天寥廓立多时。”皆自写其心境也。观之为用，一曰扩其心境使广大，二曰濬其智慧使明细，故用之往往有奇效。第非静亦不能观，故静又观之前提也。今次录先儒言观之说。

乾称父，坤称母，予兹藐焉，乃浑然中处。故天地之塞，吾其体；天地之帅，吾其性。民吾同胞，物吾与也。大君者，吾父母宗子；其大臣，宗子之家相也。尊高年，所以长其长；慈孤弱，所以幼其幼。圣其合德，贤其秀也。凡天下疲癃残疾，茕独鳏寡，皆吾兄弟之颠连无告者也。于时保之，子之翼也；乐且不忧，纯乎孝者也。违曰悖德，害仁曰贼，济恶者不才；其践形，唯肖者也。知化则善述其事，穷神则善继其志。不愧屋漏为无忝，存心养性为匪懈。恶旨酒，崇伯子之顾养；育英才，颖封人之锡类。不弛劳而底豫，舜其功也；无所逃而待烹，申生其恭也。体其受而归全者，参乎！勇于从而顺令者，伯奇也。富贵福泽，将厚吾之生也；贫贱忧戚，庸玉女于成也。存，吾顺事；没，吾宁也。（张横渠《西铭》）

学者须先识仁。仁者浑然与物同体，义、礼、智、信皆仁也。识得此理，以诚敬存之而已，不须防检，不须穷索。若心懈，则有防；心苟不懈，何防之有？理有未得，故须穷索。存久自明，安待穷索？此道与物无对，大不足以明之。天地之用，皆我之用。孟子言“万物皆备于我”，须“反身而诚”，乃为大乐。若反身未诚，则犹是二物有对，以己合彼，终未有之，又安得乐？《订顽》意思（案：横渠《西铭》旧名《订顽》），乃备言此体。以此意存之，更有何事？“必有事焉而勿正，心勿忘，勿助长”，未尝致纤毫之力，此其存之之道。若存得，便合有得。盖良知良能元不丧失，以昔日习心未除，却须存习此心，久则可夺旧习。此理至约，惟患不能守。既能体之而乐，则亦不患不能守也。（程明道《识仁篇》）

当极静时，恍然觉吾此心，中虚无物，旁通无穷，有如长空，云气流行，无有止极；有如大海，鱼龙变化，无有间隔。无内外可指，无动静可分，上下四方，往古来今，浑成一片，所谓无在而无不在。吾之一身，乃其发窍，固非形质所能限也。是故纵吾之目，而天地不满于吾视；倾吾之耳，而天地不出于吾听；冥吾之心，而天地不逃于吾思。古人往矣，其精神所极，即吾之精神，未尝往也；否则，闻其行事，而能慓然愤然矣乎？四海远矣，其疾痛相关，即吾之疾痛，未尝远也；否则，闻其患难，而能恻然衋然矣乎？是故感于亲而为亲焉，吾无分于亲也，有分于吾与亲，斯不亲矣；感于民而为仁焉，吾无分于民也，有分于吾与民，斯不仁矣；感于物而为爱焉，吾无分于物也，有分于吾与物，斯不爱矣。是乃得之于天者固然，如是而后可以配天也。故曰："仁者浑然与物同体。"同体也者，谓在我者亦即在物，合吾与物而同为一体，则前所谓虚寂而能贯通，浑上下四方、往古来今、内外动静而一之者也。（罗念庵）

启超谨案：张子《西铭》，程子《识仁》，皆宋贤中最精粹、最博大之语，而其用力皆在于观。故程子以《识仁》名其篇，张子言仁体亦教人以慧观而识之也，念庵语即此两篇之解释。苟能常以此为观念，则以身在天地间负荷，真有不期然而然者。谭浏阳《仁学》，只是发挥得此义。

庄生云："参万岁而一成纯。"[1]言万岁，亦荒远矣，虽圣

1 见《庄子·齐物论》。"参万岁"意思是糅合历史的长久变异与沉浮。纯，精粹不杂，指不为纷乱和差异所乱。

人有所不知，而何以参之！乃数千年以内，见闻可及者，天运之变，物理之不齐，升降污隆治乱之数，质文风尚之殊，自当参其变而知其常，以立一成纯之局而酌所以自处者，历乎无穷之险阻而皆不丧其所依，则不为世所颠倒而可与立矣。使我而生乎三代，将何如？使我而生乎汉、唐、宋之盛，将何如？使我而生乎秦、隋，将何如？使我而生乎南北朝、五代，将何如？使我而生乎契丹、金、元之世，将何如？则我生乎今日而将何如？岂在彼在此，遂可沉与俱沉、浮与俱浮耶？参之而成纯之一审矣。极吾一生数十年之内，使我而为王侯卿相，将何如？使我而饥寒不能免，将何如？使我而蹈乎刀锯鼎镬之下，将何如？使我而名满天下，功盖当世，将何如？使我而槁项黄馘，没没以死于绳枢瓮牖之中，将何如？使我不荣不辱，终天年于闾巷田畴，将何如？岂如此如此，遂可骄、可移、可屈耶？参之而成纯之一又审矣。（王船山）

启超谨案：此亦观之一种也，其说似甚粗，然用之甚有效，南海先生昔教弟子常举此。

静中细思，古今亿万年无有穷期，人生其间，数十寒暑，仅须臾耳。大地数万里，不可纪极，人于其中，寐处游息，昼仅一室耳，夜仅一榻耳。古人书籍，近人著述，浩如烟海，人生目光之所能及者，不过九牛之一毛耳。事变万端，美名百途，人生才力之所能办者，不过太仓之一粒耳。知天之长而吾所历者短，则遇忧患横逆之来，当少忍以待其定。知地之大而吾所居者小，则遇荣利争夺之境，当退让以守其雌。知书籍之多而吾所见者寡，则不敢以一得自喜，而当思择善而约守之。知事变之多而吾所办者少，则不敢以功名自矜，而当思举贤而共图之。夫如是则自私自满之见，可渐渐蠲除矣。（曾涤生）

启超谨案：此亦观之一种也，读此知曾文正之所得深矣。

启超又案：以吾所读吾先儒之书，其言观者甚不多，即有之，又大率属于旧派之哲学（如言阴阳理气等），不适于今之用，此吾所遗憾也。南海先生常曰："行不可不素其位，思则不妨出其位。出位云者，以吾之思想，超出于吾所立之地位之界线之外也。"（此语似有意反对孔子之言，实各明一义。孔子言思不出其位者，谓心不能自主而放也。此言不妨出位者，吾以自力举而出之，非出焉而不自知也。诚能如是，何出而不可？）人之品格所以堕落，其大原因总不外物交物而为所引，其眼光局局于环绕吾身至短至狭至垢之现境界，是以憧扰缠缚，不能自进于高明。主观派者，常举吾心魂脱离现境界而游于他境界也。他境界，恒河沙数，不可殚举，吾随时任游其一，皆可以自适。此其节目不能悉述也。此法于习静时行之，较诸数息、运气、视鼻端白、参话头等，其功力尤妙。心有所泊，不至如猢狲失枝，其善一也；不至如死灰槁木，委心思于无用之地，其善二也；闲思游念，以有所距而不杂起，其善三也；理想日高远，智慧日进步，其善四也。故吾谓与其静而断念，毋宁静而善观，但所谓观者，必须收放由我，乃为真观耳。

人各有抵死不能变之偏质，惯发不自由之熟病，要在有痛恨之志，密时检之功，总来不如沉潜涵养，病根久自消磨。然涵养中须防一件，久久收敛衰歇之意多，发强之意少，视天下无一可为之事，无一可恶之恶，德量日以宽洪，志节日以摧折：没有这个，便是圣贤涵养；著了这个，便是释道涵养。（吕心吾）

启超谨案：此言存养之流弊，所谓假道学者流，如许衡、李光地、汤斌辈，往往如此。然此辈则其初于辨术之功，先自错了。本既拔，枝叶遂无所附，非涵养之过也。若云以涵养太甚，因收敛而致衰歇者，此在宋明时贤或有之。今者学绝道丧之余，必无忧此种贤智之过也。

题解九　佛学如何影响了心学？

……再进一步说，又恰是在这种“儒学的佛教化”中，理学家们在来自印度的吸引与示范下，也就不约而同地跳下了原先的平衡木。在这个意义上，如果我们在前一章已经认识到，说到底心学的真正问题，“不在于它竟然如此突出了伦理维度，而在于它居然仅仅突出了伦理维度”，那么，我们在这一章就进一步认识到了，说到底心学的真正问题，也不在于它竟然如此地深耕了心性，而在于它居然仅仅深耕了心性，由此也就把发生在天底下的“一应事变”，统统都归结为自己的“内心体验”了。

（刘东：《德教释疑》第九章）

题解十　有无属于自己的时间？

无论我们借助什么样的手段，去寻找这段“属于自己的时间”，可毕竟九九归一，只有为自己留出了这样的时间，才能让生命有个留守的支点，让人生有个舒展的空间，让德性有个滋养的余地，从而让生命有可能及时地调整船头。这也就是“每逢大事有静气”的好处，——唯其如此，你才可能既去还复自己的理想，又去谋划再次出发的大方向，从而超出芸芸众生的无形羁绊；也是唯其如此，你才可能重新调整生命的矢量，让它志存高远地超出世俗功利，不再用一句“没辙”来无奈地原谅自己。

（刘东：《德教释疑》第十章）

省克第五

存养者，积极的学问也；克治者，消极的学问也。克治与省察相缘，非省察无所施其克治，不克治又何取于省察？既能存养以立其大，其枝节则随时点检而改善之，则缉熙光明矣。述省克第五。

损，君子以惩忿窒欲。(《易》)

益，君子以见善则迁，有过则改。(《易》)

强弗友刚克，燮友柔克；沉潜刚克，高明柔克。(《书》)

与人不求备，检身若不及。(《书》)

曾子曰："吾日三省吾身：为人谋而不忠乎？与朋友交而不信乎？传不习乎？"(以下《论语》)

颜渊问仁，子曰："克己复礼为仁，一日克己复礼，天下归仁焉。"

内省不疚，无恶于志。

见贤思齐焉，见不贤而内自省也。

过则勿惮改。

过而不改，是谓过矣。

小人之过也必文。

吾未见能见其过而内自讼者也。

克、伐、怨、欲不行焉，可以为难矣。

求也退，故进之；由也兼人，故退之。

自反而不缩，虽褐宽博，吾不惴焉；自反而缩，虽千万人，吾往矣。（以下《孟子》）

爱人不亲，反其仁；治人不治，反其智；礼人不答，反其敬。行有不得者皆反求诸己。

有人于此，其待我以横逆也，君子必自反也："我必不仁也，必无礼也，此物奚宜至哉？"其自反而仁矣，自反而有礼矣，其横逆由是也，君子必自反也："我必不忠。"自反而忠矣，其横逆由是也，君子曰："此亦妄人也已矣，如此则与禽兽奚择哉？于禽兽又何难焉？"

古之君子，过则改之；今之君子，过则顺之。古之君子，其过也，如日月之食焉，人皆见之，及其更也，人皆仰之；今之君子，岂徒顺之，又从为之辞。

心有所忿懥则不得其正，有所恐惧则不得其正，有所忧

患则不得其正，有所好乐则不得其正。(《大学》)

小人闲居为不善，无所不至，见君子而后厌然，掩其不善而著其善。人之视己，如见其肺肝然，则何益矣？(《大学》)

启超谨案：以上录六经、四书语关于省克者，略举一二耳。

人之性恶，其善者伪也（杨倞注云：“伪，为也，矫也，矫其本性也。凡非天性而人作为之者，皆谓之伪。故伪字人傍为，亦会意字也。”）今之性，生而有好利焉，顺是（案：言顺此也），故争夺生而辞让亡焉；生而有疾恶焉，顺是，故残贼生而忠信亡焉；生而有耳目之欲、有好声色焉，顺是，故淫乱生而礼义文理亡焉。然则纵人之性，顺人之情，必出于争夺，合于犯分乱理而归于暴。（中略）故枸木必将待檃栝烝矫然后直，钝金必将待砻厉然后利；今人之性恶，必将待师法然后正，得礼义然后治。(《荀子》)

启超谨案：孟子言性善，故其功专在扩充：扩充者，涵养之厉也，积极的也；荀子言性恶，故其功专在矫正：矫正者，克治之厉也，消极的也。盖其学说有根本之异点，而枝叶自随之而异。启超谓皆是也。孔子言“性相

近，习相远”，以佛语解释之，则人性本有真如与无明之二原子，自无始以来，即便相缘，真如可以熏习无明，无明亦可以熏习真如。孟子专认其真如者为性，故曰善；荀子专认其无明者为性，故曰恶。荀子不知有真如，固云陋矣。而孟子于人之有不善者，则曰“非天之降才尔殊，其所以陷溺其心者然”，以恶因专属后天所自造，而非先天所含有。夫恶因由自造，固也；然造之也，非自一人，非自一时。如佛说一切众生，自无始来，即以种种因缘，造成此器世间（即社会），此器世间实为彼“无明”所集合之结晶体。生于其间者，无论何种人，已不能纯然保持其“真如”之本性而无所搀杂矣。抑勿论器世间之辽广也，即如人之生也，必寄身于一国家。以近世西哲所倡民族心理学，则凡一民族必有其民族之特性，其积致之也，以数千百年，虽有贤智而往往不能自拔，此其恶因，非可以我一人自当之也，又不徒一民族为然也。以达尔文派生物学之所发明，则一切众生，于承受其全社会公共之遗传性外，又各各承受其父若祖之特别遗传性。凡此皆受之于住胎时，而非出胎后所能与也，是皆习也，而几于性矣。故器世间之习一也，民族全体之习二也（一民族中又有支族，一支族中又有小支族，莫不各有其特性。乃至一国之中，一地方有一地方之特性，又同一民族或移植他国因地理上之影响而发挥出一种新特性，与所居国之特性既异，与母国之特性又异，如是者说不能尽），血统遗传之习三也，皆习也。然习之于受生以前，几于性矣。若乃出胎之后，然后复有家庭之习、社会之习，则诸习中一小部分耳，孟子所谓陷溺其心者实指此。然既有前此种种深固之习，硕然成为第二之天性，而犹谓其降才无殊，不可得也。宋明儒者，孟氏之忠仆也，然已不得不迁延其说，谓有义理之性、有气质之性（义理之性即真如，气质之性即无明），所争者不过区区名号间耳。今吾之赘论及此也，非欲为我国哲学史上增一重公案也。盖孟、荀二子示学者以学道法门，各以其性论为根据地。由孟子之说，则惟事扩充；由荀子之说，则必须矫变。孟子之道顺，而荀子之道逆，顺故易，逆故难。虽然，进化公例必以人治与天行战，自古然矣。放而任之，而曰足以复吾真，乌见其可？天演派学者，所以重人为淘汰也。吾辈生此社会，稍有志者，未或不欲为社会有所尽力，而成就每不如其所期，皆由吾气质中莫不各有其缺点，而此缺点即为吾种种失败之原。古哲有言："善蓄息马者，去其害马者焉耳。"不能于此痛下工夫，而欲成伟大之人格，非所闻也。虽然，此事也，言之似易，行之甚难，良以其所谓陷溺者，其根株甚远且深。自器世间全体之习气，民族全体之习气，乃至血统上遗传之习气，蟠结充塞于眇躬者既久，而有生以后，复有现社会种种不良之感化力从而熏之，使日滋长，其熔铸而磨刮之，不得不专恃自力，斯乃所以难也。难矣，而非此不足以自成自淑，斯乃所以益不可以已也。孔子曰："或勉强而行之。"董子曰："勉强学问，则闻见博而知益明；勉强行道，则德日起而大有功。"刘蕺山亦云："心贵乐而行惟苦，千古大圣贤大豪杰无不从苦中打出来。"[1]所谓勉强也，所谓苦也，惟此一事而已，惟此一事而已！

凡日用间知此一病而欲去之，则即此欲去之心便是能去之药，但当坚守，常自警觉。（朱晦翁）

大抵学问须是警省，今说求放心，吾辈却要心主宰得定，方赖此做事业。《中庸》说"致广大""极高明"，此心本如此广大，但为物欲隔塞，故其广大有亏；本是高明，但为物欲系累，故于高明有蔽。若能常自省察警觉，则高明广大者常自若也。当更看有何病痛，知有此病，必去其病，此便是

1《明儒学案》卷六十二《蕺山学案》原文作"心须乐而行惟苦，学问中人无不从苦处打出"。

疗之之药。如觉言语多，便用简默；意思疏阔，更加细密；觉得轻浮浅易，便须深沈厚重，工夫只在唤醒上。（朱晦翁）

凡人之心，不存则亡，而无不存不亡之时，故一息之顷不加提省之功，则沦亡而不自觉。天下之事，不是则非，而无不是不非之处，故一事之微不加精察之功，则陷于恶而不自知。（朱晦翁）

一日间，试看此心几个时在内，几个时在外。小说中载赵公以黑白豆记善恶念之起，此是古人做工夫处。如此点检，则自见矣。（朱晦翁）

涵养本原之功，诚易间断。然才觉得间断，便是相续处。只要常自提撕，分寸积累将去，久之自然接续，打成一片。（朱晦翁）

应物涉事，步步皆是体验处。若知其难而悉力反求，则日益精明；若畏其难而日益偷惰，则向来意思悉冰消瓦解矣。习俗中易得汩没，须常以格语法言，时时洗涤。然此犹是暂时排遣，要须实下存养、克治、体察工夫。真知所止，乃有据依，自进进不能已也。（吕东莱）

日夜痛自点检且不暇，岂有工夫点检他人？责人密，自治疏矣。（吴康斋）

欲责人，须思吾能此事否？苟能之，又思曰："吾学圣贤

方能此，安可遽责彼未尝用功与用功未深者乎？”（吴康斋）

才觉退，便是进；才觉病，便是药。（陈白沙）

习于见闻之久，则事之虽非者，亦莫觉其非矣。（薛敬轩）

省察是有事时存养，存养是无事时省察。（王阳明）

变化气质，居常无所见，惟当利害、经变故、遭屈辱，平时愤怒者到此能不愤怒，忧惶失措者到此能不忧惶失措，始是得力处，亦便是用力处。（王阳明）

病疟之人，疟虽未发而病根自在，则亦安可以其疟之未发，而遂忘其服药调理之功乎？若必待疟发而后服药调理，则既晚矣。（王阳明）

问："戒惧是己所不知时工夫，慎独是己所独知时工夫？"曰："只是一个工夫。无事时固是独知，有事时亦是独知。于此用功，便是端本澄源，便是立诚。若只在人所共知处用功，便是作伪。今若又分戒惧为己所不知工夫，便支离。既戒惧，即是知已。"曰："独知之地，更无无念时耶？"曰："戒惧之念，无时可息。若戒惧之心稍有不存，不是昏聩，便已流入恶念。"（王阳明）

某所尝着力者，以无欲为主。辨欲之有无，以当下此心微微觉处为主。此觉处甚微，非志切与气定，即不自见。

（罗念庵）

默默自修，真见时刻有不够手处，时刻有不如人处。（罗念庵）

吾辈无一刻无习气，但以觉性为主，时时照察之，则习气之面目亦无一刻不自见得。既能时时刻刻见得习气，则必不为习气所夺。（王塘南　时槐）

夫仁者爱人，信者信人，此合内外之道也。于此观之，不爱人，己不仁可知矣；不信人，己不信可知矣。夫爱人者人恒爱之，信人者人恒信之，此感应之道也。于此观之，人不爱我，非特人之不仁，己之不仁可知矣；人不信我，非特人之不信，己之不信可知矣。（王心斋　艮）

阳明在南都时，有私怨阳明者，诬奏极其丑诋。始见颇怒，旋自省曰："此不得放过。"掩卷自反，俟其心平气和再展看。又怒，又掩卷自反。久之，真如飘风浮霭，略无芥蒂。是后虽有大毁谤、大利害，皆不为动。尝告学者："君子之学，务求在己而已。毁誉荣辱之来，非惟不以动其心，且资之以为切磋砥砺之地。故君子无入而不自得，正以无入而非学也。"

须是纷纭酬酢之中，常常提醒收拾，久之自有不存之存。（潘雪松　士藻）

人当逆境时，如犯弱症，才一举手，便风寒乘虚而入，保护之功最重大，却最轻微。（刘冲倩　塙）

外省不疚，不过无恶于人；内省不疚，才能无恶于志。无恶于人，到底只做成个乡愿；无恶于志，才是个真君子。（冯少墟　从吾）

十二时中，看自家一念从何处起，即检点不放过，便见功力。（钱启新）

喜来时一点检，怒来时一点检，怠惰时一点检，放肆时一点检，此是省察大条款。人到此，多想不起、顾不得，一错了，便悔不及。若养得定了，便发而中节，无所用此矣。（吕心吾）

每日点检，要见这愿头自德性上发出，自气质上发出，自习识上发出，自物欲上发出，如此省察，久久自识得本来面目。（吕心吾）

境遇艰苦时，事物劳攘时，正宜提出主宰，令本体不为他物所胜，此处功夫，较之平常百倍矣。不然，平常工夫亦未到妥贴处。（金伯玉　铉）

平居无事，不见可喜，不见可嗔，不见可疑，不见可骇，行则行，住则住，坐则坐，卧则卧，即众人与圣人何异？至遇富贵，鲜不为之充诎矣；遇贫贱，鲜不为之陨获矣；遇造次，鲜不为之扰乱矣；遇颠沛，鲜不为之屈挠矣。然则富贵一关也，贫贱一关也，造次一关也，颠沛一关也，到此直令人肝肺具呈，手足尽露，有非声音笑貌所能勉强支吾者。故就源头上看，必其无终食之间违仁，然后能于富贵、贫贱、造次、颠沛，处之如一；就关头上看，必其能于富贵、贫贱、造次、颠沛，处之如一，然后算得无终食之间违仁耳。（顾泾阳）

省察二字，正是存养中吃紧工夫。如一念于欲，便就此念体察，体得委是欲，立与消融而后已。（刘蕺山）

一事也不放过，一时也不放松。无事时惺惺不昧[1]，有事时一真自如，不动些子。（刘蕺山）

日用之间，漫无事事，或出入闱房，或应接宾客，或散步回廊，或静窥书册，或谈说无根，或思想过去未来，或料理药饵，或拣择衣饮，或诘童仆，或量米盐，恁他捱排，莫可适莫，自谓颇无大过。杜门守拙，祸亦无生。及夫时移境改，一朝患作，追寻来历，多坐前日无事甲里。如前日妄起一念，此一念便下种子；前日误读一册，此一册便成附会。推此以往，不可胜数。故君子不以闲居而肆恶，不以造次而

1“昧”，《明儒学案》卷六十二《蕺山学案》作“寐”。

违仁。（刘蕺山）

延平教人看喜怒哀乐未发时作何气象，此学问第一义工夫。未发时有何气象可观？只是查检自己病痛到极微密处，方知时虽未发，而倚著之私隐隐已伏，才有倚著，便易横决。若于此处查考分明，如贯虱车轮[1]，更无躲闪，则中体恍然在此，而已发之后，不待言矣。此之谓善观气象者。（刘蕺山）

甚矣，事心之难也！间尝求之一觉之顷，而得湛然之道心焉。然未可为据也，俄而恍惚焉，俄而纷纭焉，俄而杂揉焉，向之湛然觉者，有时而迷矣。请以觉觉之，于是唤醒法，朱子所谓"略绰提撕"是也，然已不胜其劳矣。必也，求之本觉乎？本觉之觉，无所缘而觉，无所起而自觉，要之不离独位者近是，故曰"暗然而日章"。暗则通微，通微则达性，达性则诚，诚则真，真则常，故君子慎独。由知觉，有心之名。心本不讳言觉，但一忌莽荡，一忌侂侗，侂侗则无体，莽荡则无用[2]。斯二者皆求觉于觉，而未尝好学以诚之，容有或失之似者，仍归之不觉而已。学以明理而去其蔽，则

1 贯虱：贯穿虱心，极言善射。典出《列子·汤问》："纪昌者，又学射于飞卫……昌以牦悬虱于牖，南面而望之，旬日之间，浸大也；三年之后，如车轮焉，以睹余物，皆丘山也。乃以燕角之弧，朔蓬之簳射之，贯虱之心而悬不绝。"

2 "用"，增刊本、合集本误作"一"，从《明儒学案》卷六十二《蕺山学案》作"用"。

体物不遗，物各付物，物物得所，有何二者之病？故曰："好智不好学，其蔽也贼。"[1]（刘蕺山）

凡事之须逐日检点者，一日姑待，后来补救则难矣，况进德修业之事乎？（曾涤生）

每日临睡，须默数本日劳力者几件，劳心者几件。（曾涤生）

启超谨案：以上所钞皆先儒言省察之说，略区分之，当为二种：一曰普通的省察法，二曰特别的省察法：

普通省察中，复分为二种：一曰根本的省察法，二曰枝叶的省察法。枝叶的省察法，复分二种：一曰随时省察法，二曰定期省察法。普通的省察法者，居常日用时，外境界未尝有何等之变象以撄吾心，而绵绵密密以用省察之功是也。于其时，根本的省察与枝叶的省察当并用。根本的省察者，罗念庵所谓"以此心微微觉处为主"，王塘南所谓"以觉性照察习气"是也，此正是致良知之作用。恃源以往，则邪感自无从撄。其以视头痛灸头、脚痛灸脚者，事半功倍矣。然工夫未纯，难保头脚之无痛时也。既痛则又不可不灸之，

1《论语》原文作"好知不好学，其弊也荡"，参见《阳货篇》："子曰：'由也，汝闻六言六蔽矣乎？'对曰：'未也。''居，吾语汝。好仁不好学，其蔽也愚；好知不好学，其蔽也荡；好信不好学，其蔽也贼；好直不好学，其蔽也绞；好勇不好学，其蔽也乱；好刚不好学，其蔽也狂。'"

则枝叶的省察，其亦乌可已？枝叶的省察者，每一动念，一发言，一应事，皆必以良知一自镜之，其有为良知所不许者，即立予销除是也，而其功以省及动念为最真，是曰随时省察法。既随时致力矣，而每日复于入燕息之时，或其他时，指定数大节目而省察之，或统计本日之竟念云为而省察之，是名定期省察法。曾子所谓“三省”，朱子所谓“计此心几个时在内、几个时在外”，曾文正所谓“数本日劳力者几件、劳心者几件”，即此法也。景教教规，每临睡必祈祷，祷时以一日言语行事告诸上帝，亦是此意。吾尝谓景教之有裨于德育，无过祈祷，盖谓是也。

特别的省察法者，外境界忽有异动，骤加吾以伟硕之刺戟力，无论为可喜、可惧、可怒、可欲、可悲，凡此现象皆足以骤移吾之定力，平日存养之功，至此往往忽扫地以尽。能从此处捱得过去，则不徒可以适道，而更可以立矣。苟能省察，则多受一次刺戟，多增一分能力，谚所谓“吃一堑，长一智”也。若其不能，则能力之递减，亦适成反比例。此等境界，每日不能多逢。苟其遇之，则是天赞我，予我以一炼心最适之学校，我辈所宜深谢而祇受者也。即当趁势下火铁工夫，其机一逸，欲追难矣。如勇士赴敌，胜败间不容发也。故善学者于特别的省察法，最不肯放过。

启超又案：窃尝以治国譬治心，良知其犹宪法也，奉之为万事之标准，毋得有违，大本立矣。存养工夫，则犹官吏人民各尽其义务以拥护宪法也。省察工夫，则犹警察也：居常无事，置警察以维持治安，稍遇有违宪举动者，则纠正之，此普通的省察也；或一时一地，遇有大故，则益增加警察，厚集其力以为坊，此特别的省察也。克治工夫，则刑事也，违宪举动为警察所发见者，则惩艾之，必不使其容留以为社会蠹；其有微过隐恶，搜之必尽，其犹繁难之案用侦探也。知此义也，可以清心矣。

学至气质变，方是有功。（程明道）

“仁者先难而后获”[1]，先难，克己也。（程明道）

“舍己从人”[2]，最为难事。己者我之所有，虽痛舍之，犹惧守己者固而从人者轻也。（程明道）

程伯子少好猎，既见周茂叔，自谓已无此好矣。茂叔曰：“何言之易也？但此心潜隐未发耳。”后十二年，偶自外暮归，途中见猎者，不觉心喜，乃知前此果未也。

---

1 见《论语·雍也》：“仁者，先难而后获，可谓仁矣。”

2《尚书·大禹谟》：“稽于众，舍己从人。”《孟子·公孙丑上》：“大舜有大焉，善与人同，舍己从人，乐取于人以为善。”

治怒为难，治惧亦难。克己可以治怒，明理可以治惧。（程伊川）

只为病根不去，随所居所接而长。人须一事事消了病，则常胜，故须要克己。（张横渠）

知得如此是病，即便不如此是药。（朱晦翁）

人固有终身为善而自欺者。不特外面，有心中欲为善而常有个不肯底意思，便是自欺也，须是打叠得尽。（朱晦翁）

人必曾从克己上做工夫，方知自朝至暮，自顶至踵，无非过失，而改过之为难，所以言“欲寡过而未能”[1]。（吕东莱）

人所以陷于小人者，多因要实前言。实前言最是入小人之径路。（吕东莱）

凡为学，最当于矫揉气质上做工夫，如懦者当强，急者当缓，视其偏而用力。（吕东莱）

人之病痛，不知则已，知而克治不勇，使其势日甚，可乎哉？志之不立，古人之深戒也。（吴康斋）

二十年治一怒字，尚未消[2]磨得尽，以是知克己最难。

1 参见《论语·宪问第十四》：“蘧伯玉使人于孔子，孔子与之坐而问焉，曰：‘夫子何为？’对曰：‘夫子欲寡其过而未能也。’使者出，子曰：‘使乎使乎！’”

2 “消”，增刊本、合集本作“销”，从《明儒学案》作“消”。

（薛敬轩）

人心皆有所安，有所不安，安者义理也，不安者人欲也。然私意胜，不能自克，则以不安者为安矣。（薛敬轩）

须是尽去旧习，从新做起。张子曰："濯去旧见，以来新意。"余在辰州府，五更，忽念己德所以不大进者，正为旧习缠绕，未能掉脱，故为善而善未纯，去恶而恶未尽。自今当一刮旧习，一言一行，求合于道，否则匪人矣。（薛敬轩）

问慎独工夫。曰："此只在于心上做，如心有偏处，如好欲处，如好胜处，但凡念虑不在天理处，人不能知而己所独知，此处当要知谨自省，即便克去。若从此渐渐积累，至于极处，自能勃然上进。虽博厚高明，皆是此积。"（吕泾野　柟）

问："欲根在心，何法可以一时拔得去？"先生曰："这也难说。一时要拔去得，须要积久工夫才得就。且圣如孔子，犹且十五志学，必至三十方能立，前此不免小出入时有之。学者今日且于一言一行差处，心中即便检制，不可复使这等。如或他日又有一言一行差处，心中即又便如是检制。此等处人皆不知，己独知之，检制不复萌，便是慎独工夫。积久熟后，动静自与理俱，而人欲不觉自消。欲以一时一念的

工夫，望病根全去，却难也。”（吕泾野）

圣学工夫只在无隐上就可做得。学者但于己身有是不是处，就说出来，无所隐匿，使吾心事常如青天白日才好。不然，久之积下种子，便陷于有心了，故司马温公谓“平生无不可对人说得的言语”，就是到建诸天地不悖，质之鬼神无疑，也都从这里起。（吕泾野）

黄惟因问：“白沙在山中十年作何事？”先生曰：“用功不必山林，市朝也做得。昔终南僧用功三十年，尽禅定也。有僧曰：‘汝习静久矣，同去长安柳街一行。’及到，见了妖丽之物，粉白黛绿，心遂动了，一旦废了前三十年工夫。可见，亦要于繁华波荡中学。故于动处用功，佛家谓之消磨，吾儒谓之克治。”（吕泾野）

圣人之心，纤翳自无所容，自不消磨刮。若常人之心，如斑垢驳杂之镜，须痛加刮磨一番，尽去其驳蚀，然后纤尘即见，才拂便去，亦自不消费力，到此已是识得仁体矣。若驳杂未去，其间固自有一点明处，尘埃之落，固亦见得，亦才拂便去，至于堆积于驳蚀之上，终弗之能见也。此学、利、困、勉[1]之所由异，幸弗以为烦难而疑之也。凡人情，好

1 “学、利、困、勉”，参见《中庸》：“或生而知之，或学而知之，或困而知之，及其知之一也。或安而行之，或利而行之，或勉强而行之，及其成功一也。”

易而恶难，其间亦自有私意气习缠蔽在，识破后，自然不见其难矣。（王阳明）

必欲此心纯乎天理，而无一毫人欲之私，此作圣之功也。必欲此心纯乎天理而无一毫人欲之私，非防于未萌之先而克于方萌之际不能也。防于未萌之先而克于方萌之际，此正《中庸》“戒慎恐惧”、《大学》“致知格物”之功。舍此之外，无别功矣。（王阳明）

凡人言语正到快意时，便截然能忍默得；意气正到发扬时，便翕然能收敛得；愤怒嗜欲正到腾沸时，便廓然能消化得。此非天下之大勇不能也。然见得良知亲切时，其工夫又自不难。（王阳明）

澄于中字之义尚未明，曰：“此须自心体认出来，非言语所能喻。中只是天理。”曰：“天理何以谓之中？”曰：“无所偏倚。”曰：“无所偏倚，何等气象？”曰：“如明镜全体莹澈，无纤尘点染。”曰：“当其已发，或着在好色、好利、好名上，方见偏倚。若未发时，何以知其有所偏倚？”曰：“平日美色名利之心原未尝无，病根不除，则暂时潜伏，偏倚仍在。须是平日私心荡除洁净，廓然纯乎天理，方可谓中。”（王阳明）

问知行合一。曰：“此须识我立言宗旨。今人学问，只因知行分作两件，故有一念发动，虽是不善，然却未曾行，便不去禁止。我今说个知行合一，正要人晓得一念发动处，便即是行了，发动处有不善，就将这不善的念克倒了，须要彻根彻底，不使那一念不善潜伏在胸中。此是我立言宗旨。”（王阳明）

人有过，多于过上用功，就是补甑，其流必归于文过。（王阳明）

诸君工夫，最不可助长。上智绝少，学者无超入圣人之理，一起一伏，一进一退，自是功夫节次，不可以我前日曾用功夫，今却不济，便要矫强做出一个没破绽的模样，这便是助长，连前些子功夫都坏了。只要常常怀个“遁世无闷，不见是而无闷”[1]之心，依此良知，忍耐做去，不管毁誉荣辱，久久自然有得力处。（王阳明）

问：“知至然后可以言意诚，今天理人欲知之未尽，如何用得克己工夫？”曰：“人若真实切己用功不已，则于此心天理之精微日见一日，私欲之细微亦日见一日。若不用克己工夫，天理人欲终不自见。如走路一般，走得一段方认得一段，走到歧路处，有疑便问，问了又走，方才能到。今于已

1 出自《易传·乾·文言》：“初九曰潜龙勿用，何谓也？子曰：‘龙德而隐者也。不易乎世，不成乎名，遁世无闷，不见是而无闷，乐则行之，忧则违之，确乎其不可拔，潜龙也。’”

知之天理不肯存，已知之人欲不肯去，只管愁不能尽知，闲讲何益？且待克得自己无私可克，方愁不能尽知，亦未迟在。”（王阳明）

予始学于先生，惟循迹而行。久而大疑且骇，然不敢遽非，必反而思之。思之稍通，复验之身心，既乃恍若有见，已而大悟，不知手之舞、足之蹈，曰：“此道体也，此心也，此学也。人性本善也，而邪恶者客感也，感之在于一念，去之在于一念，无难事，无多术。”且自恃禀性柔，未能为大恶，则以为如是可以终身矣，而坦坦然而荡荡然乐也，孰知久则私与忧复作也。通世之痼疾有二，文字也，功名也。予始以为姑毋攻焉，不以累于心可矣，绝之无之，不已甚乎？孰知二者之贼，素夺其宫，姑之云者，是假之也。是故必绝之无之而后可以进于道，否则终不免于虚见，且自诬也。（徐横山　爱）

人要为恶，只可言自欺，良知本来无恶。（钱绪山）

学者初入手时，良知不能无间，善恶念头杂发难制，或防之于未发之前，或制之于临发之际，或悔改于既发之后，皆实功也。（钱绪山）

学者工夫不得伶俐直截，只为一虞字作祟耳。良知是非从违何尝不明，但不能一时决断，如自虞度曰：“此或无害于

理否？或可苟同于俗否？或可欺人于不知否？或可因循一时以图迁改否？”只此一虞，便是致斉之端。（钱绪山）

吾人一生学问只在改过，须常立于无过之地，不觉有过方是改过真工夫，所谓复者，复于无过者也。（王龙溪）

忿不止于愤怒，凡嫉妒褊浅，不能容物，念中悻悻，一些子放不过，皆忿也。欲不止于淫邪，凡染溺蔽累，念中转转，贪恋不肯舍却，皆欲也。惩窒之功有难易，有在事上用功者，有在念上用功者，有在心上用功者。事上是遏于已然，念上是制于将然，心上是防于未然。惩心忿，窒心欲，方是本原易简工夫；在意与事上遏制，虽极力扫除，终无清廓之期。（王龙溪）

凡人所为不善，本体之灵自然能觉。觉而少有容留，便属自欺。乃于人所见闻处，掩不善而著其善，虽点检于言行之间，一一合度，不暇有愆，亦属作伪，皆为自蔽其知也。（季彭山　本）

人之为小人，岂其性哉？其初亦起于乍弄机智，渐习渐熟，至流于恶而不自知。（徐鲁源）

大抵功夫未下手，即不知自己何病。又事未涉境，即病亦未甚害事。稍涉人事，乃知为病，又未知去病之方。盖方任己，便欲回护，有回护则病乃是痛心处，岂肯割去？譬之

浮躁起于快意，有快意为之根，则浮躁之标末自现，欲去标末，当去其根。其根为吾之所回护，安能克哉？此其所以难也。（罗念庵）

吾人当自立身放在天地间公共地步，一毫私己著不得，方是立志。只为平日有惯习处，软熟滑浏，易于因仍。今当一切斩然，只是不容放过，时时刻刻须此物出头作主，更无纤微旧习在身，方是功夫，方是立命。（罗念庵）

学须静中入手，然亦未可偏向此中躲闪过，凡难处与不欲之念，皆须察问从何来。若此间有承当不起，便是畏火之金，必是铜铅锡铁掺和，不得回护姑容，任其暂时云尔也。除此无下手诛责处，平日却只是陪奉一种清闲自在，终非有根之树，冒雪披风，干柯折矣。（罗念庵）

处处从小利害克治，便是克己实事，便是处生死成败之根。（罗念庵）

迁善改过之功，无时可已。若谓“吾性一见，病症自知，如太阳一出，魍魉自消”，此则玩光景，逐影响，欲速助长之为害也，须力究而精辨之始可。（刘两峰　文敏）

功利之习，沦肌浃髓，苟非鞭辟近里之学，常见无动之过，则一时感发之明，不足以胜隐微深痼之蔽。故虽高明，率喜顿悟而厌积渐，任超脱而畏检束，谈玄妙而鄙浅近，肆

然无忌而犹以为无可无不可，任情恣意，遂以去病为第二义，不知自家身心尚荡然无所归也。（刘两峰）

自责自修，学之至要。今人详于责人，只为见其有不是处。不知为子而见父母不是，子职必不共；为臣而见君上不是，臣职必不尽。他如处兄弟，交朋友，畜妻子，苟徒见其不是，则自治已疏，动气作疑，自生障碍，几何不同归于不是哉！有志于为己者，一切不见人之不是，然后能成就一个自家是。（王一庵　栋）

自生身以来，通髓彻骨，都是习心运用。俗人有俗人之习，学者有学者之习，古今有世习，四方有土习，真与习化，机成天作，每向自己方便中窝顿。凡日用睹记讨论，只培溉得此习。中间有新得奇悟，阔趋峻立，总不脱此习上发基，方且是认从学术起家，误矣！（唐一庵　枢）

日用之间，念虑初发，或善或恶，或公或私，岂不自知之？知其不当为而犹为之者，私欲之心重而恕己之心昏也。苟能于一起之时，察其为恶也，则猛省而力去之，去一恶念，则生一善念矣。念念去恶为善，则意之所发、心之所存皆天理，是之谓知行合一。知之非难，而行之为难。今曰"圣人之学，致良知而已矣。人人皆圣人也，吾心中自有一圣人，自能孝，自能弟"，而于念虑之微、取舍之际，则未

之讲，任其意向而为之，曰“是吾之良知也”。知行合一者，固如是乎？（顾箬溪　应祥）

象山先生每令学者戒胜心，最切病痛。鹅湖之辨，胜心又不知不觉发见出来，后来每叹鹅湖之失。因思天下学者种种病痛，各各自明，只从知见得及工夫未恳到处，罅缝中不知不觉而发。平居既自知，发后又能悔，何故正当其时忽然发露？若用功恳到，虽未浑化，念头动处，自如红炉点雪。象山胜心之戒，及发而复悔，学者俱宜细看，庶有得力工夫。盖象山当时想亦如此用功也。（蔡白石　汝楠）

习气用事，从有生来已惯，拂意则怒，顺意则喜，志得则扬，志阻则馁，七情交逞，此心何时安宁？须猛力斡转习气，勿任自便，机括只在念头上挽回。假如怒时觉心为怒动，即返观自性，觅取未怒时景象，须臾性现，怒气自平；喜时觉心为喜动，即返观自性，觅取未喜时景象，须臾性现，喜气自平。七情之发，皆以此制之，虽不如慎之未萌省力，然既到急流中，只得如此挽回。（郝楚望　敬）

士之处世，须振拔特立，把持得定，方能有为。见得义理，必直前为之，不为利害所怵，不为流俗所惑可也。如子思辞鼎肉，孟子却齐王之召，刚毅气象，今可想见，真可为独立不惧者。若曰“事姑委曲，我心自别”，即自欺也。始或以小善放过且不可为，小恶放过且可为之，日渐月磨，堕落俗坑，必至变刚为柔，刻方为圆，大善或亦不为，大恶或亦为之，因循苟且，可贱可耻，卒以恶终而不知矣。此由辩之不早、持之不固也。书以自戒。（杨斛山）

磨砻细一番乃见得一番，前日不认得是过处，今日却认得是过。（蒋道林　信）

天下难降伏难管摄的，古今人都做得来，不为难事。惟有降伏管摄自家难，圣贤做工夫，只在这里。（吕心吾）

凡人之为不善，其初皆不忍也，其后忍不忍半，其后忍之，其后安之，其后乐之。至于乐为不善，而后良心死矣。（吕心吾）

凡人一言过，则终日言皆婉转而文此一言之过；一行过，则终日行皆婉转而文此一行之过。盖人情文过之态如此，几何而不堕禽兽也！（刘蕺山）

先生儆诸生曰："吾辈习俗既深，平日所为，皆恶也，非过也。学者只有去恶可言，改过工夫且用不着。"又曰："为不善却自恕为无害，不知宇宙尽宽，万物可容，容我一人不得。"（刘蕺山）

吾辈偶呈一过，人以为无伤。不知从此过而勘之，先尚有几十层，从此过而究之，后尚有几十层。故过而不已必

恶，谓其出有源，其流无穷也。苟志于仁矣，无恶也，然后有改过工夫可言。（刘蕺山）

学者立身，不可自放一毫出路。（刘蕺山）

问："改过先改心过否？"曰："心安得有过？心有过，便是恶也。"（刘蕺山）

吾人只率初念去便是，孟子所以言本心也。初念如此，当转念时，复转一念，仍与初念合，是非之心仍在也。若转转不已，必至遂其私而后已，便不可救药。（刘蕺山）

才认己无不是处，愈流愈下，终成凡夫；才认己有不是处，愈达愈上，便是圣人。（刘蕺山）

心是鉴察官，谓之良知，最有权，触着便碎。人但随俗习非，因而行有不慊，此时鉴察，仍是井井，却已做主不得。鉴察无主，则血气用事，何所不至！一事不做主，事事不做主，隐隐一窍，托在恍惚间，拥虚器而已。（刘蕺山）

天命流行，物与无妄，人得之以为心，是谓本心。人心无一妄而已，忽焉有妄，希乎微乎？其不得而端倪乎？是谓微过，独知主之；有微过是以有隐过，七情主之；有隐过是以有显过，九容主之；有显过是以有大过，五伦主之；有大过是以有丛过，百行主之：总之，妄也。譬之木自本而根而干而标，水自源而后及于流，盈科而至于放海，故曰：

“涓涓不息，将成江河；绵绵不绝，将寻斧柯。”是以君子贵防之早也。其惟慎独乎？慎独则时时知改。俄而授之隐过矣，当念过，便从当念改；又授之显过矣，当身过，便从当身改；又授之大过矣，当境过，当境改；又授之丛过矣，随事过，随事改。改之则复于无过，可喜也。不改成过，且得无改乎？总之，皆祛妄还真之学，而工夫次第如此。譬之擒贼者，擒之于室甚善，不于室而于堂，不于堂而于外门，于衢，于境上，必成擒而后已。“子绝四：毋意、毋必、毋固、毋我”，真能慎独者也。其次，则“克伐怨欲不行焉尔”。宋人之言曰：“独行不愧影，独寝不愧衾。”独而显矣。司马温公则云：“某平生无甚过人处，但无一事不可对人言者。”庶几免于大过乎？若邢恕之一日三检点，则丛过对治法也。真能慎独者，无之非独，即邢恕学问，孔子亦用得着，故曰“不为酒困”。不然，自原宪而下，总是个闲居小人，为不善而已。善学者，须学孔子之学，只于意根上止截一下，便千了百当。若到“必”“固”“我”，已渐成决裂。幸于“我”处止截得，犹不失为颜子克己。过此，无可商量矣。落一格，粗一格，工夫转愈难一格，故曰“可以为难矣”。学者须是学孔子之学。（刘蕺山）

人之言曰“有心为恶，无心为过”，则过容有不及知者，因有不及改，是大不然。夫心不爱过者也，才有一点过，便属碍膺之物，必一决之而后快。故人未有有过而不自知者，只不肯自认为知尔。然则过又安从生？曰只不肯自认为知处，其受蔽处良多，以此造过遂多，仍做过不知而已。孟子言“君子之过，如日月之食”，可见人心只是一团灵明，而不能不受暗于过。明处是心，暗处是过，明中有暗，暗中有明。明中之暗即是过，暗中之明即是改，手势如此亲切。但常人之心忽明忽暗，展转出没，终不能还得明明之体，不归薄蚀何疑？君子则以暗中之明，用个致曲工夫，渐次与它恢扩去，在《论语》则曰“讼过”[1]，如两造当庭，抵死仇对，不至十分明白不已。才明白，便无事。如一事有过，直勘到事前之心，果是如何？一念有过，直勘到念后之事，更当如何？如此反覆推勘，更无躲闪。虽一尘亦驻足不得，此所谓致曲工夫也。《大易》则言“补过”[2]，谓此心一经缺陷，便立刻与之圆满那灵明尔。若只是小小补缀，头痛救头，脚痛救脚，败缺难掩，而弥缝日甚，谓之文过而已。虽然，人犹有过而不自知者。“子路，人告之以有过则喜。”[3]子曰：“丘也

1 参见《论语·公冶长第五》：“子曰：‘已矣乎！吾未见能见其过而内自讼者也。’”
2 见《易传·系辞上》：“吉凶者，言乎其失得也。悔吝者，言乎其小疵也。无咎者，善补过也。”
3 见《孟子·公孙丑上》。

幸，苟有过，人必知之。”然则学者虚心，逊志时务，察言观色以辅所不逮，有不容缓者。（刘蕺山）

忆自辛卯年，改号涤生。涤者，取涤其旧染之污也；生者，取明袁了凡之言“从前种种譬如昨日死，从后种种譬如今日生”也。（曾涤生）

窒欲常念男儿泪，惩忿当思属纩时[1]。（曾涤生）

孟子曰：“口之于味也，目之于色也，耳之于声也，鼻之于臭也，四肢之于安佚也，性也。有命焉，君子不谓性也。”人性本善，自为气禀所拘，物欲所蔽，则本性日失，故须学焉而后复之；失又甚者，须勉强而后复之。丧之哀也，不可以伪为者也，然衰麻苫块，睹物而痛创自至，躄踊号呼，变节而涕演随之，是亦可勉强而致哀也。祭之敬也，不可以伪为者也，然自盥至荐，将之以盛心，自朝至昃，胜之以强力，是亦可以勉强而致敬也。与人之和也，不可以伪为者也，然揖让拜跪，人不得而已则下之，筐篚豆笾，意不足而文则先之，是亦可以勉强而致和也。凡有血气，必有争心，人之好胜，谁不如我？施诸己而不愿，亦勿施于人，此强恕之事也。一日强恕，日日强恕，一事强恕，事事强恕，久之

1 属纩：古代汉族丧礼仪式之一。即病人临终之前，要用新的丝絮（纩）放在其口鼻上，试看是否还在气息。属，放置。此一仪式称为“属纩”。因而“属纩”也用为“临终”的代称。

则渐近自然，以之修身则顺而安，以之涉世则谐而祥。孔子之告子贡、仲弓[1]，孟子之言求仁，皆无先于此者。若不能勉强而听其自至，以顽钝之质而希“生”“安”[2]之效，见人之气类与己不合则隔膜弃置，甚或加之以不能堪，不复能勉强自抑，舍己从人，傲惰彰于身，乖戾著于外，鲜不及矣！（曾涤生）

强毅之气，决不可无。古语曰：“自胜之谓强。”曰强制，曰强恕，曰强为善，皆自胜之义也。如不惯早起，而强之未明即起；不惯庄敬，日强之立尸坐斋；不惯劳苦，而强之与士卒同甘苦。强之勤劳不倦，是即强也；不惯有恒，而强之贞恒，是即毅也。（曾涤生）

魏安釐王问天下之高士于子顺，子顺以鲁仲连对。王曰：“鲁仲连，强作之者，非体自然也。”子顺曰：“人皆作之。作之不止，乃成君子；作之不变，习与体成，则自然也。”余观自古圣贤豪杰，多由强作而臻绝诣。《淮南子》曰：“功可强成，名可强立。”《中庸》曰：“或勉强而行之，及其成功一也。”近世论人者，或曰：“某也向之所为不如是，今强作

1 见《论文 · 卫灵公》：“子贡问曰：‘有一言而可以终身行之者乎？’子曰：‘其恕乎！己所不欲，勿施于人。’”《论语 · 颜渊》：“仲弓问仁。子曰：‘出门如见大宾，使民如承大祭，己所不欲，勿施于人，在邦无怨，在家无怨。’仲弓曰：‘雍虽不敏，请事斯语矣。’”

2 生、安指“生而知之”“安而行之”，出自《中庸》：“或生而知之，或学而知之，或困而知之，及其知之一也。或安而行之，或利而行之，或勉强而行之，及其成功一也。”

如是，是不可信。”沮自新之途，而长偷惰之风，莫大乎此。吾之观人亦尝有因此而失贤才者，追书以志吾过。（曾涤生）

启超谨案：以上所钞，皆先儒言克治之学说也。侯官严氏译赫胥黎之《天演论》曰：“人治有功，在反天行。”又曰：“人力既施之后，是天行者时时在在欲毁其成功，务使复还旧观而后已。倘不能常目存之，则历久之余，其成绩必归于乌有。”此言也，近世稍涉猎新学者所诵为口头禅也。吾以为治心、治身之道，尽于是矣。先儒示学者以用力，最重克己。己者，天行也；克之者，人治也。以社会论，苟任天行之肆虐，而不加人治，则必反于野蛮。以人身论，苟任天行之横流，而不加人治，则必近于禽兽。然人治者，又非一施而遂奏全胜也。彼天行者，有万钧之力，日夜压迫于吾旁，非刻刻如临大敌，则不足以御之。《左氏传》曰：“如二君，故曰克。”克也者，甚难之辞也。用功之法，自仍以致良知为一大头脑，白沙所谓“才觉病，便是药”，朱子所谓“此欲去之心，便是能去之药”也。然一觉之后，究竟能已此病否，则全视其决心与其勇气。钱绪山“虞字作祟”一条，最可体验，其谓“自虞度曰：此或无害于理否？或可苟同于俗否？或可欺人于不知否？或可因循一时以图迁改否？”此等虞度，往往与省察之功因缘而生。吾辈试自勘度，未有一人不犯此者，而因循一时之念，为毒最甚。孟子“月攘一鸡，以待来年”[1]之譬是也，实由勇气不足以任之也。于此时也，学者则当自思维曰：此过之必须改与否且勿论，今日不改、明日能改与否又勿论，但向者我之良知，不尝命我以改乎？我最初之发心，不尝谓一遵良知之命乎？而今何为若此？是明明我不自为主人而为奴隶也，他恶犹小，而为奴之恶莫大。以此自鞫，必有蹙然一刻不能自安者。又克治大过固不易，克治小过尤独难。大过者，以全力赴之，或恐莫能胜。小过者，则吾玩视焉而不以全力赴，谓此区区者不足为吾累也。此则蕺山之言最博深切明矣，曰：“从此过而勘之，先尚有几十层？从此过而究之，后尚有几十层？”此真深明因果律原理之言也。故以客观论，则有比较之可言，曰彼大过而此小过也；以主观论，则两极端绝对而无比较，非善即恶，非恶即善。吏而臧者，臧巨万臧也，臧一钱亦臧也，其臧之数不同，而其忍于臧之心则同也。故以法律范围论之，则过恶有大小之可言；以道德范围论之，则过恶无大小之可言也。狮子搏虎用全力，其搏兔亦

1 见《孟子·滕文公下》：“今有人日攘邻之鸡者，或告之曰：‘是非君子之道。’曰：‘请损之，月攘一鸡，以待来年而后已。’如知其非义，斯速已矣，何待来年？”

用全力，学者自治之功，当若是也。

启超又案：曾文正常自言“以困勉之功，志大人之学”，故一生最提倡勉强之义，其事业亦多从此二字得来，此一般学者最适之下手法门也。习染困人，中材什九，非经一番火铁锻炼，万难自拔。刘蕺山所谓“心贵乐而行惟苦，学问中人无不从苦中打出”，盖谓此也。昔人常称吴康斋之学“多从五更枕上泪流汗下得来”，学者苟常取康斋及曾文正之日记读之，未有不怵然自振者，此亦一种之兴奋剂也。

题解十一　修己与待人区别何在？

只要是提起戴震所讲的“以理杀人”来，恐怕人们最容易联想到的，也正是理学家所讲的“饿死事小，失节事大”，而且大概世界上最不近人情的言论，也莫过于这句“饿死事小，失节事大”了。不过，联系到整个这一章中的分析，我们的分析就不应仅限于情绪抵触。事实上，这种论调的真正失足之处，并不在于哪一种信念的严峻性或高尚性，而在于它明显逾越了“修己”和“治人”的界限。……所以关键还在于，程朱理学说到底还是偏离了孔子，并未去严守“修己”与“待人”的区别，从而也就把借以“存养”自己的伦理标准，误用成了借以“省克”别人的政治标准。无论如何，这种既“严以律己”也“严以待人”的做法，不仅在理论上是站不住脚的，在实践中也是危害多多的。

（刘东：《德教释疑》第十一章）

题解十二　道德要不要形而上预设？

事实上，当孔子反复申明“人能弘道，非道弘人”，“为仁由己，而由人乎哉”，“仁远乎哉？我欲仁，斯仁至矣”的时候，他在思想上的最大发明与贡献，恰在于只要谈及“主体之间”的关系，便只需去启迪“主体内部”的智慧，无论是伦理观念离不开的“公正”，还是道德推理离不开的“理性”，而根本就无须再去画蛇添足，乞助于任何神学或玄学的拐杖。回想一下前文的内容，实则无论是孔子的“忠恕之道”，还是儒家的“絜矩之道”，都是这种基于“理性”与“公正”的推理。那么，由此再来回顾本章标题的问题，即“道德要不要形而上预设”，我们就不难会心地理解到，这正是孔子早在两千多年以前，就已经给出的最为独特的解答，——而且，如果它不是这样的独特，孔子的想法就不过是“大同小异”的了，甚至再考虑到宗教和形而上学的垮塌，它就根本也算不上什么“人生解决方案”了。

（刘东：《德教释疑》，第十二章）

应用第六

今之君子，即未敢公然仇道德，然赘旒视之也久矣[1]，叩其说则曰："善矣，而无用也！"吾谓天下无善而无用之物，既无用矣，即不得谓之善。述应用第六。

启超谨案：前五篇所述学说及所附案语，其发明道德之应用者既不少，无取重出于本篇。今刺取前篇所未及者，聊申一二云尔。

或曰"讲学人多迂阔无才"，不知真才从讲学中出，性根灵透，遇大事如湛卢刈薪[2]。（邹南皋）

有问钱绪山曰："阳明先生择才，始终得其用，何术而能然？"绪山曰："吾师用人，不专取其才，而先信其心。其心可托，其才自为我用。世人喜用人之才而不察其心，其才

1 赘旒：赘，多余。旒，古旗帜下边悬垂的饰物。喻虚居其位而无实权。
2 湛卢：宝剑名，相传为春秋时欧冶子所造，锋利无比。刈薪：砍柴。

只足以自利其身已矣，故无成功。”愚谓此言是用才之诀也。然人之心地不明，如何察得人心术？人不患无才，识进则才进，不患无量，见大则量大，皆得之于学也。（高景逸）

启超谨案：此言用才之诀与鉴心之术，最为博深切明。

学者静中既得力，又有一段读书之功，自然遇事能应。若静中不得力，所读之书又只是章句而已，则且教之就事上磨炼去。自寻常衣食以外，感应酬酢，莫非事也。其间千万变化，不可端倪，而一一取裁于心，如权度之待物然。权度虽在我，而轻重长短之形仍听之于物，我无与焉，所以“情顺万事而无情”也。故事无大小，皆有理存，劈头判个是与非。见得是处，断然如此，虽鬼神不避；见得非处，断然不如此，虽千驷万钟不回。又于其中条分缕析，铢铢两两，辨个是中之非，非中之是，似是之非，似非之是，从此下手，沛然不疑，所行动有成绩。又凡事有先着，当图难于易，为大于细；有要着，一着胜人千万着，失此不着，满盘败局。又有先后着，如低棋以后着为先着，多是见小欲速之病；又有了着，恐事至八九分便放手，终成决裂也。盖见得是非后，又当计成败，如此方是有用学问。世有学人，居恒谈道理井井，才与言世务便疏。试之以事，或一筹莫展。这疏与拙，正是此心受病处，非关才具。谚云：“经一跌，长一识。”且须熟察此心受病之原，果在何处，因痛与之克治去，从此再不犯跌，庶有长进。学者遇事不能应，只有练心法，更无练事法。练心之法，大要只是胸中无一事而已。无一事乃能事事，便是主静工夫得力处。（刘蕺山）

启超谨案：阳明先生教学者，每多言事上磨炼工夫，蕺山此文即其解释也。董子曰“正其谊不谋其利，明其道不计其功”，此语每为近世功利派所诟病，得此文救正之，庶可以无贻口实矣。凡任事之成功者，莫要于自信之力与鉴别之识。无自信之力，则主见游移，虽有十分才具，不能得五分之用。若能于良知之教受用得亲切，则如蕺山所云“见得是处，断然如此”“见得非处，断然不如此”，外境界一切小小利害，风吹草动，曾不足以芥蒂于其胸，则自信力之强，莫与京矣。无鉴别之识，则其所以自信者，或非其所可信，然此识决非能于应事之际得之，而必须应事之前养之。世之论者每谓阅历多则识见必增，此固然也，然知其一而未知其二也。如镜然，其所以照物而无遁形者，非恃其所照物之多而已，必其有本体之明以为之原。若昏霾之镜，虽日照百物，其形相之不确实如故也。蕺山所谓“遇事不能应，只有练心法，更无练事法”，可

谓一针见血之言也。此义于前《存养篇》中既详言之，今不再赘。（参观第九十二叶[1]）

或谓："圣贤学问，从自己起见，豪杰建立事业，则从勋名起见。无名心，恐事业亦不成。"先生曰："不要错看了豪杰，古人一言一动，凡可信之当时，传之后世者，莫不有一段真至精神在内。此一段精神，所谓诚也。惟诚故能建立，故足不朽。稍涉名心，便是虚假，便是不诚。不诚，则无物，何从生出事业来？"（刘蕺山）

案语见前。（参观第二十六叶）

蕺山见思宗，上曰："国家败坏已极，如何整顿？"先生对："近来持论者，但论才望，不论操守，不知天下真才望，出于天下真操守。自古未有操守不谨而遇事敢前者，亦未有操守不谨而军士畏威者。"上曰："济变之日，先才而后守。"先生对："以济变言，愈宜先守。即如范志完操守不谨，用贿补官，所以三军解体，莫肯用命。由此观之，岂不信以操守为主乎？"上始色解。（《明儒学案·蕺山传》）

1 页码已按本书实际情况调整。下同。

启超谨案：孔子思狂狷，狷者有所不为[1]。白沙言“学者须有廉隅墙壁，方能任得天下事”[2]。今日所谓才智之士，正患在破弃廉隅墙壁，无所不为。蕺山之药，用以济今日之变，其尤适也。

动静二字，不能打合，如何言学？阳明在军中，一面讲学，一面应酬军务，纤毫不乱，此时动静是一是二？（刘蕺山）

人恶多事，或人悯之。世事虽多，尽是人事，人事不教人做，更责谁做！（程伊川）

见一学者忙迫，先生问其故。曰：“欲了几处人事。”曰：“某非不欲周旋人事者，曷尝似贤忙迫？”（程伊川）

启超谨案：高景逸云：“静有定力，则我能制事，毋令事制我。”伊川所以能应事不忙迫，阳明所以能一面讲学，一面治军者，皆能不见制于事而已。

处大事者，必至公血诚相期，乃能有济。若不能察人之

1 见《论语·子路》：“子曰：‘不得中行而与之，必也狂狷乎！狂者进取，狷者有所不为也。’”
2 此话可能最早出自朱熹，见《朱子语类》卷十三：“学者须要有廉隅墙壁，便可担负得大事去。”廉隅，比喻端方不苟的行为、品性。

情而轻受事任，或虽知其非诚，而将就借以集事，到得结局，其敝不可胜言。（吕东莱）

启超谨案：近今新党共事多不能久者，蔽率坐是。

后生可畏，就中收拾得一二人，殊非小补。要须帅之以正，开之以渐，先惇厚笃实，而后辩慧敏给，则岁晏[1]刈获，必有倍收。（吕东莱）

风俗之厚薄奚自乎？自乎一二人之心之所向而已。民之生庸弱者，戢戢皆是也。有一二贤且智者，则众人君之而受命焉。尤智者，所君尤众焉。此一二人者之心向义，则众人与之赴义；一二人者之心向利，则众人与之赴利。众人所趋，势之所归，虽有大力，莫之敢逆，故曰“挠万物者，莫疾乎风”。风俗之于人之心，始乎微而终乎不可御者也。先王之治天下，使贤者皆当路在势，其风民也皆以义，故道一而俗同。世教既衰，所谓一二人者不尽在位，彼其心之所向，势不能不腾为口说而播为声气，而众人者势不能不听命而蒸为习尚。于是乎徒党蔚起，而一时之人才出焉。有以仁义倡者，其徒党亦死仁义而不顾。有以功利倡者，其徒党亦

1 晏：迟，晚。岁晏就是年末的意思。

死功利而不返。水流湿，火就燥，无感不雠，所从来久矣。今之君子之在势者，每曰天下无才。彼自尸于高明之地，不克以己之所向转移习俗而陶铸一世之人，而翻谢曰无才，谓之不诬，可乎？否也。十室之邑，有好义之士，其智足以移十人者，必能拔十人中之尤者而材之；其智足以移百人者，必能拔百人中之尤者而材之。然则转移习俗而陶铸一世之人，非特处高明之地者然也，凡一命以上，皆与有责焉者也。有国家者，得吾说而存之，则将慎择与共天位之人；士大夫得吾说而存之，则将惴惴乎谨其心之所向，恐一不当而坏风俗而贼人才。循是为之，数十年之后，万有一收其效者乎？非所逆睹已。（曾涤生《原才篇》）

启超谨案：道学之应用，全在有志之士以身为教，因以养成一世之风尚，造出所谓时代的精神者。王阳明《与聂双江书》（参观第七十一叶）及曾文正此文，言之无余蕴矣。顾亭林之论世风也，曰“观哀平之可以变而为东京，五代之可以变而为宋，则知天下无不可变之风俗”，而以归功于光武明章、艺祖真仁之提倡。其论当矣，然犹未尽也。风俗之变，其左右于时主者不过什之一二，其左右于士大夫者乃什之八九。夫以明太祖、成祖之狠鸷，其所以摧锄民气、束缚民德者可谓至矣，而晚明气节之盛，迈东京而轶两宋，岂非姚江遗泽使然哉？即曾文正生雍乾后，举国风习之坏几达极点，而与罗罗山诸子，独能讲举世不讲之学，以道自任，卒乃排万险、冒万难以成功名，而其泽且至今未斩。今日数踸踔敦笃之士[1]，必首屈指三湘，则曾、罗诸先辈之感化力，安可诬也？由是言之，则曾文正所谓转移习俗而陶铸一世之人者，必非不可至之业。虽当举世混浊之极点，而其效未始不可睹。抑正惟举世混浊之极，而志士之立于此旋涡中者，其卓立而湔拔之，乃益不可以已也。

题解十三　怎样才算是知行合一？

虽说“知行合一”是仅限于理学话语的，换言之只是指“德性之知”的，但若就这种话语的积极意义而言，总还是要勉励人们回归读书的初衷，摆正学习的本意。如果在这样的前提下，再来重温“三不朽”的古训，就不致走火入魔地忘记了：读书首先既是为了“做人”的，也同样是为了“做

1 踸踔（chěn chuō）：跳跃状，这里取其迅速滋长的意思。

事”的。唯其如此，一个人的学业和事业、道义与应用，才可以在“立德、立功、立言”的次序中，水乳交融、一气呵成地贯通起来。

（刘东：《德教释疑》，第十三章）

题解十四　有所少取决于当下一念？

只要这个生命还属于自己，看来还有很多东西要取决于，我们能否在当下此刻就心头一动，于心态陡转中获得“当下一念”。毫无疑问，历史的进程肯定也会“决定”很多东西，然而，偏偏我们要做个什么样的人，获得多高的道德水准，却并不是能被历史本身所“决定”的。不待言，这里所说的“当下一念”，并不是一下子“立地成佛”，而只是在自己“心念一转”之余，也便在人生中获得了“陡转之机”。无论如何，只要你足以采取这样的姿态了，那么就在这个当下此刻，所有此前磕磕绊绊的历史，也就会到达和收束到你这里，而所有此后未可限量的历史，也都有可能就从你这里发出。

（刘东：《德教释疑》，第十四章）

附录：人物简介

（以姓氏拼音排序）

C

蔡白石（汝楠）

蔡汝楠（1516—1565），字子木，号白石，明代浙江德清人。早年以诗文著名，中年专攻经学，知衡州时，常至石鼓书院为诸生讲经传道。八岁曾随父学于湛甘泉，习闻“随处体认天理”之说，后亲证于阳明门下东廓、念庵，为学始有真着落。著述见《蔡白石集》。

曹月川（端）

曹端（1376—1434），字正夫，号月川，明代河南渑池人。曾任霍州学正，平生不信轮回、福祸、巫砚、风水之说，不喜佛老，以读儒书、明儒礼劝人。其学以躬行实践为务，而以存养性理为大端，对理学重要命题多有修正、发挥，被论者推为“明初理学之冠”。著述见《曹端集》。

陈白沙（献章）

陈献章（1428—1500），字公甫，号石斋，明代广东新会白沙里人，故又称白沙先生。早年学宗朱熹，后师从吴与弼。一生三次会试不第，遂绝意功名，在家乡讲学。陈献章是心学承上启下的人物，强调“为学须静中养出端倪，方有商量处”。“学宗自然，而要归于自得”，是陈献章的思想特色。著述见《陈献章集》。

程明道（颢）

程颢（1032—1085），字伯淳，北宋河南洛阳人，学者称明道先生。少年时曾与弟程颐从学于周敦颐，参寻孔颜乐处。其学一主于理，认为“天者，理也”，谓“吾学虽有所受，天理二字却是自家体贴出来”，和弟程颐同为理学创始人，常被称为“洛学”。曾知扶沟，一生辗转多官，政治上重“尚德”，轻“兴利”，反对王安石新政。著述见《二程集》。

程伊川（颐）

程颐（1033—1107），字正叔，北宋河南洛阳人，世称伊川先生。程颐比其兄程颢小一岁。程颢去世后，程颐才出来做官，任崇政殿说书，由布衣跃为帝王师，但因过于尊严师道，很快被排挤出朝廷。二程学术主张基本一致，但在为人气象上，大程和乐洒脱，小程严肃恭敬。著述除《二程集》外，重要的有《程氏易传》。

D

邓定宇（以赞）

邓以赞（约公元1580年前后在世），字汝德，号定宇，明代南昌新建人。少与张元忭从王畿游，传良知之学。曾任南京祭酒，至吏部右侍郎。居母丧，不胜哀而卒，谥曰文洁。著述见《文洁集》。

F

方正学（孝儒）

方孝孺（1357—1402），字希直，号逊志，明代浙江宁海人。二十岁游京师，师从太史宋濂。因教蜀献王之世子，献王名其居曰“正学”，故世称“正学先生”。建文帝召为翰林博士，进侍读学士。君臣之间，情同师友。在“靖难之役”期间，拒绝为篡位的燕王朱棣草拟即位诏书，刚直不屈，孤忠赴难，被诛十族。著述见《逊志斋集》。

冯道

冯道（882—954），字可道，自号长乐老。五代瀛州景城（今河北交河）人。历仕后唐、后晋（契丹）、后汉、后周四朝十君，拜相二十余年，人称官场“不倒翁”。好学能文，主持校定了《九经》文字，雕版印书，世称“五代蓝本”，为我国官府正式刻印书籍之始。

冯少墟（从吾）

冯从吾（1556—1627），字仲好，号少墟，明代长安（今西安）人。万历进士。生而纯懿，及长，有志濂、洛之学，受业于许孚远。以耿直著称。曾任尚宝卿，累迁工部尚书致仕。学者称少墟先生。著述见《冯少墟集》。

G

高景逸（攀龙）

高攀龙（1562—1626），初字云从，后字存之，别号景逸，明代南直隶无锡（今属江苏）人。万历进士。曾与顾宪成等重建东林书院，为东林学派的代表人物。累官至左都御史。后因弹劾宦官魏忠贤，削籍为民。天启六年因锦衣卫追捕东林党人，从容赴水而死。为学恪遵程朱，对陆王亦有所取。著述见《高子遗书》等。

耿天台（定向）

耿定向（1524—1596），字在伦，号天台，明代湖北黄安人。嘉靖进士，曾任监察御史、南京右都御史、户部尚书等职，致仕后家居讲学。其学继承王阳明、王艮的“根心”“格物”诸说，参之以朱子学、佛学而加以融贯，提出“不容已”的学说。耿定向属泰州门下，但自京师归乡后，多在家乡黄安讲学，故对楚中王门有一定影响。著述见《耿天台先生全书》。

管东溟（志道）

管志道（1536—1608），字登之，号东溟，明太仓人。

隆庆进士，官南京兵部主事，因上疏被劾，调改刑部、广东按察佥事，名益重，从者甚众。管志道是明末三教融合的重要倡导者之一。著作有《问辨牍》《惕若斋集》等。

顾泾阳（宪成）

顾宪成（1550—1612），字叔时，号泾阳，江苏无锡人。万历进士，曾任户部主事、泉州府推官、文选司郎中等职。万历三十二年，修葺宋杨时讲学旧址东林书院，与弟允成、同里高攀龙、钱一本、薛敷教、史孟麟等讲学其中，一时四方之士闻风而至。主张讲学不离世情，故会中多裁量人物，訾议国政，天下共推以为清议之首。著述见《顾端文公遗书》。

顾箬溪（应祥）

顾应祥（1483—1565），字惟贤，号箬溪，明代长兴（今浙江长兴）人。弘治进士，累迁刑部尚书。严嵩专权，出官南京，致仕归。少从王守仁学，通数学，著作有《致良知说》《惜阴录》《测圆海镜分类释术》等。

H

郝楚望（敬）

郝敬（1558—1639），字仲舆，号楚望。明代京山（今湖北京山）人。万历进士，官至礼科、户科给事中。后因不满朝政，挂冠而归，筑园著书。其学以性善为宗，著作有《知言》《四书摄提》等。

何善山（廷仁）

何廷仁（1486—1551），字性之，号善山。明代江西雩都县（今于都）人。曾任广东新会知县，迁南京工部主事。从王守仁学，为王门高弟。认为君子只需致其良知，不应“绝感”以求静。因为“绝感”并非静，只有无欲才是静。著述见《善山集》。

胡敬斋（居仁）

胡居仁（1434—1484），字叔心，号敬斋，明代江西余干人。曾学于吴与弼门下，绝意科举，筑室于梅溪山中。一生不仕，生活贫窭，但始终逌然自得，努力追求精神生活的充实与发展。主要著作为《居业录》。

黄梨洲（宗羲）

黄宗羲（1610—1695），字太冲，号南雷，又号梨洲。明代余姚（今浙江余姚）人。受业于刘宗周，其学以王阳明心学为宗，又力图综合诸家。博学广通，于经、史、天文、历法、数学、小学、乐津，造诣甚深。注重提倡实学，重视史学研究。著述宏富，主要有《明儒学案》《明夷待访录》《孟子师说》《易学象数论》《南雷文案》等，后人编为《黄梨洲全集》。

黄致斋（宗明）

黄宗明（？—1536），字诚甫，号致斋，明代宁波鄞县人。正德进士，曾任南京兵部主事、礼部左侍郎等职。曾从王守仁论学，阳明谓“诚甫自当一日千里，任重道远，吾非诚甫谁望耶！”可见对他期望很高。

J

季彭山（本）

季本（1485—1563），字明德，号彭山。明代山阴（今浙江绍兴）人。正德进士，历官建宁推官、南京礼部郎中、长沙知府等职。师事王守仁，赞同王守仁“知行合一”说，提倡“谨独”。一生著述宏富，有《易学四同》《诗说解颐》《四书私考》等。

蒋道林（信）

蒋信（1483—1559），字卿实，号道林。明代常德（今湖南常德）人。嘉靖进士，历官户部主事、贵州提学副使等职。他先师王守仁，又师湛若水，而其学以得于后者为多，认为万物一体，强调“理气、心理、人我，贯通无一”。著述见《蒋道林文粹》等。

金伯玉（铉）

金铉（1610—1644），字伯玉，明代南直隶武进（今属江苏常州）人。少有大志，以圣贤自许。崇祯初进士，累官兵部主事，巡视皇城。李自成入京师，投金水河死。后赠太仆少卿，谥忠节，清朝改谥忠洁。曾问学于刘宗周。著述见《金忠洁集》。

L

刘冲倩（塙）

刘塙，生卒年不详。字静主，号冲倩。明代浙江会稽人。

曾问学于周汝登。思想有辩证精神，如说："人只向有光景处认本体，不知本体无光景也。人只向有做作处认工夫，不知工夫无做作也。""何者为害？求利是已。何者为苦？寻乐是已。何者为怨？结恩是已。"

刘两峰（文敏）

刘文敏（1490—1572），字宜充，号两峰，明代江西安福人。二十三岁时与刘邦采共学。后读王守仁《传习录》而好之，反躬实践。年八十犹上三峰之颠静坐，谓其门人曰："知本体虚，虚乃生生，虚者天地万物之原也，吾道以虚为宗。"两峰学出聂双江，为王学再传。

刘蕺山（宗周）

刘宗周（1578—1645），字起东，号念台，明代浙江山阴人。因讲学于山阴县城北之蕺山，学者称他为蕺山先生。万历进士，曾任吏部左侍郎、左都御史等职。明亡后，绝食而死。他早年不喜欢王阳明之学，受顾宪成、高攀龙等人的影响，崇尚朱子学。中年之后信从阳明之说，而至晚年提出了他自己以慎独、诚意为宗旨的学说。著述见《刘宗周全集》。

陆象山（九渊）

陆九渊（1139—1193），字子静，自号存斋，世称象山先生。南宋抚州金溪（今属江西）人。乾道进士，曾知荆门军，颇有政绩。主张“心即理”，以“心”为宇宙本原。认为只要“发明本心”，即可达到“知”。强调主观能动作用，注重思考，时与朱熹齐名。其学说为明代王守仁所继承，世称陆王学派。著述见《陆九渊集》。

罗念庵（洪先）

罗洪先（1504—1564），字达夫，号念庵。明代吉水（今属江西）人。嘉靖进士。一生安贫乐道。私淑王守仁，常与邹守益等切磋学问。宗王氏“致良知”之说，以“主静”为“致良知”的入室门户。为学泛观博览，自天文、地志、礼乐、典章、河渠、边防、战阵、阴阳、算术无不精究。著述见《罗洪先集》。

罗近溪（汝芳）

罗汝芳（1515—1588），字惟德，号近溪，江西南城人。嘉靖进士，曾知太湖县，历任刑部主事、云南参政等职。与同时道士、僧人多有往来，口才很好，指点人的方法也很机敏。时人说“龙溪（王畿）笔胜舌，近溪舌胜笔”，二溪是王门后学中的佼佼者。著述见《罗汝芳集》。

罗罗山（泽南）

罗泽南（1807—1856），字仲岳，号罗山，湖南湘乡人。咸丰元年由附生举孝廉方正。笃志正学，好性理书。太平军起，犯湖南，率乡勇与战，所向皆捷。积功由训导至布政使。尝言其兵法在《大学》“知止而后有定”一语。所属部弁，半属其弟子，李续宾、续宜兄弟尤有名。后援武汉，亲出搏战，中炮卒。临殁，谓胡林翼曰：“危急时站得定，才算有用之学。”谥忠节。泽南工诗古文，见于各家选本者颇多。在湖湘学风的影响下，罗泽南自少时就尊崇程朱理学，其理学著作有《人极衍义》《西铭讲义》《姚江学辨》等。

吕东莱（祖谦）

吕祖谦（1137—1181），字伯恭，南宋婺州（今浙江金华）人，学者称“东莱先生”。隆兴进士，官至著作郎兼国史院编修和实录院检讨。吕祖谦有很深的家学渊源，他和朱熹、陆九渊关系都很好，曾约朱、陆讲于鹅湖。东莱之学重于史，为浙东史学之祖。今人辑有《吕祖谦全集》。

吕泾野（柟）

吕柟（1479—1542），字仲木，号泾野，明代陕西高陵人。正德进士，曾任国子祭酒、礼部侍郎。其学以程、朱为主，对王学亦有所采纳，最终归诸关学以“躬行礼教为本”的思想宗旨。著述见《泾野子集》等。

吕心吾（坤）

吕坤（1536—1618），字叔简，号心吾。明代河南宁陵人。万历进士，官至刑部左、右侍郎。思想上坚持气一元论，公开宣称自己既“不是道学”，也不是“仙学、释学”和“老庄申韩学”，强调“我只是我”。今人新辑有《吕坤全集》。

吕豫石（维祺）

吕维祺（？—1641），字介孺，号豫石，明代河南新安人。万历进士，曾官至南京兵部尚书，后落职为民，死于战乱。吕维祺在明末动乱年代，一直注重讲学和学术研究。在农民起义发展的情况下，他特别提倡《孝经》。著作有《四礼约言》等。

O

欧阳南野（德）

欧阳德（1496—1554），字崇一，号南野，明代江西泰和人。嘉靖进士，官至礼部尚书兼翰林院学士。师事王守仁，服膺“致良知”之学。反对罗钦顺“吾心之良知即是天理”的观点，主张良知无动无静。著述见《欧阳德集》。

P

潘雪松（士藻）

潘士藻，生卒年不详，字去华，号雪松，明代徽州婺源（今属江西）人。万历进士，曾任南京吏部主事、尚宝司丞等职。学于耿定向、李贽、王襞、焦竑等人。为学提出“须从大处悟入，却细细从日用琐屑，一一不放过”。著作有《闇然堂日录》等。

Q

钱启新（一本）

钱一本（1546—1617），字国端，号启新，明代武进

（今属江苏常州）人。万历进士，历官福建道御史、广西巡按。曾与顾宪成、高攀龙等分主东林书院讲席。其学多得王时槐，以心为天地万物之主宰。著作有《像象管见》《源编汇编》等。

钱绪山（德洪）

钱德洪（1496—1574），字洪甫，号绪山，明代余姚（今浙江余姚）人。嘉靖进士，官至刑部郎中。与王畿同受业于王守仁，为守仁得意弟子之一。在野三十年，潜心讲学，大力宣传阳明学说，为浙中王门学派的重要代表人物。著作有《绪山会语》《绪山集》等。

T

唐凝庵（鹤徵）

唐鹤徵（1538—1619），字元卿，号凝庵。明代武进（今属江苏常州）人。隆庆进士，历官至太常寺少卿。对九流百氏、天文地理、稗官野史均有研究，后重《庄子》，终主气论。其思想渊源于王守仁学派，属于“王中南门”。著作有《桃溪札记》等。

唐一庵（枢）

唐枢（生卒不详，一说1497—1574），字惟中，号一庵。明代浙江归安人。嘉靖进士，官至刑部主事。初师湛若水，后慕王守仁“致良知”之学。其学出入王、湛门户，力图调和两说，提出“讨真心”说。著作有《礼元剩语》《真心图说》《景行馆记》等。

W

万思默（廷言）

万廷言（生卒年不详），字以忠，号思默，明代南昌东溪人。嘉靖进士，曾任礼部郎官。受学阳明，后师念庵，为学长于《易》。

王船山（夫之）

王夫之（1619—1692），字而农，号姜斋，明末清初湖南衡阳人。晚年隐居衡阳之石船山，故学者称其为“船山先生”。船山生当明清易代之际，以汉服终身，其自题墓志：“抱刘越石之孤愤而命无从致，希张横渠之正学而力不能企。”船山之学，广大精微，儒门六艺，老、庄，佛说、词曲，皆留心焉而卒归于横渠，其晚岁成《张子正蒙注》，是为晚年定论。船山又有《读通鉴论》《宋论》诸书，论历代史事，激于生平际遇，虽时有过情，然其至处，千古不磨。船山著述合集今有《船山全书》。

王东崖（襞）

王襞（1511—1587），字宗顺，号东崖，明代泰州人。王艮次子。师事王畿、钱德洪。其父去世后，继父主持淮南教席。一生未仕。其学重在阐释王守仁“良知”说，认为“良知”先天纯粹至精，主张纯任“良知”流行，便可达到“真乐自见”的最高境界。著述见《王东崖遗集》。

王龙溪（畿）

王畿（1498—1583），字汝中，别号龙溪，明代浙江山阴人。嘉靖进士，曾任兵部武选郎中。王畿为王阳明高第。他在王门从学虽晚，因特立拔群，很快成为阳明讲学的主要助手。王畿把一生精力全部贡献给了讲学活动，他到处主持讲会，致力于宣传“致良知”学说。他在各处讲会论学的记录（会语）记载了他的学术活动和主要思想，其思想材料被编为《龙溪王先生全集》行于世。

王心斋（艮）

王艮（1483—1541），字汝止，号心斋，明代泰州安丰场（今江苏东台）人。出身煮盐的灶户，当过小商贩。三十八岁师从王守仁。守仁弟子众多，独王艮以布衣列其间，与王畿齐名。王艮谨守王守仁良知说，认为“万物一体，宇宙在我”，人性之“体”就是天性之“体”。主张“内不失己，外不失人，成己成物而后已”的安身之学。晚年作《格物要旨》《勉仁方》《乐学歌》等。门人及弟子辑语录、年谱等为《王心斋先生遗集》。

王塘南（时槐）

王时槐（1522—1605），字子植，号塘南。明代安福（今属江西）人。嘉靖进士，历官光禄少卿、陕西参政。以京察罢归。后屡荐授官，皆不赴。从师刘文敏，其学主从慎独入。

王阳明（守仁）

王守仁（1472—1529），字伯安，曾习静于会稽山阳明洞，自号阳明子，学者因称阳明先生。明代浙江余姚人。阳明早年泛滥辞章，出入释、老，曾依朱子格物说格庭中竹，致病而无所得。后因劾宦官刘瑾受廷杖，谪贵州龙场驿，于是居夷处困，悟知行合一之说。中年巡抚南赣、汀、漳，平寇、镇反，事上磨炼，功夫愈见绵密，举“致良知”之说，以为“圣门正法眼藏”。阳明门下接引学者，必举《大学》首章，阳明之说曰《大学问》，是为王门之教典。其门下承学甚众，有明之后期，举国风靡，影响及于当代。著述见《王阳明全集》。

王一庵（栋）

王栋（1503—1581），字隆吉，号一庵。泰州学派学者。明代泰州姜堰镇人。王艮族弟。从王艮受格物之旨。其学重在发挥王艮“百姓日用”之学，倡平民教育，要求建立士农工商“人人共同共明之学”，反对学术为经生文士所独占，颇得王艮学说之精义。著述见《王一庵集》。

魏庄渠（校）

魏校（1483—1543），字子材，号庄渠。明代昆山（今属江苏）人。弘治进士。历官南京刑部郎中、太常寺卿、国子祭酒。庄渠私淑胡居仁主敬之学，择执尤精。著作有《大学指归》《六书精蕴》等。

吴康斋（与弼）

吴与弼（1391—1469），字子傅，号康斋。明代抚州崇仁（今属江西）人。一生除任左春坊左谕德两月外，皆家居讲学。与薛瑄号称南北两大儒。胡居仁、陈献章均出其门下。崇敬朱熹，羡慕程颢。为学主“敬义夹持，诚明两进”，宣倡“寸心含宇宙，不乐复如何”的理学思想。著作有《日录》《康斋文集》等。

X

夏东岩（尚朴）

夏尚朴（生卒年不详，一说1466—1538），字敦夫，号东岩。明代江西永丰人。正德进士，官至南京太仆少卿。师事娄谅。对王阳明、陆九渊之学颇有微词。著作有《东岩集》。

夏廷美

夏廷美（生卒年不详），安徽繁昌人。本为农夫，听张甄山讲学而有得，后参耿天台、焦弱侯而自立。认为“仁者人也，人原是天，人不知天，便不是人”。

谢上蔡（良佐）

谢良佐（1050—1103），字显道，学者称上蔡先生，与游酢、吕大临、杨时并称“程门四先生”。其学以切问近思为要，“以生意论仁，以实理论诚，以常惺惺论敬，以求是论穷理”。以禅证儒，以禅学解《论语》，强调扫除“人欲”，使“天理复明”，恢复“本真”的心。著作有《论语解》《上蔡语录》等。

邢和叔（恕）

邢恕（生卒年不详），字和叔。北宋郑州原武（今河南原阳西）人。熙宁进士。曾从程颢学。以吕公著荐，任崇文院校书。蔡确为相时，任职方员外郎，深自趋附，交结章惇、黄履，人目为四凶。程颐曾论邢恕，说：“谓之全无知识则不可，只是义理不能胜利欲之心，便至于此也。”

熊泽蕃山

熊泽蕃山（1619—1691），日本江户时代前期阳明学派最主要的代表人物。原名伯继，生于京都。曾就学于中江藤树门下，研修王阳明学说。

徐鲁源（用检）

徐用检（1528—1611），字克贤，号鲁源，明代浙江兰溪人。嘉靖进士，曾任江西参议，后以太常寺卿致仕。为官三十余年，踪迹半天下，而清操始终不易。生平致力理学，曾三赴婺州崇正书院，两赴新安霞源讲学。著作有《婺州新安纪》《会友声编》等。

徐横山（爱）

徐爱（1487—1517），字曰仁，号横山。明代浙江余姚人。正德进士，任祁州知州，后升南京兵部员外郎，转工部郎中。徐爱为王阳明妹婿，也是阳明第一位及门弟子。王阳明讲《大学》，由他辑成《传习录》初卷。不幸早逝，守仁“每在讲席，未尝不念之”。著述见《徐横山文集》。

薛敬轩（瑄）

薛瑄（1389—1465），字德温，号敬轩，明代山西河津人。永乐进士，曾任南京大理寺卿、礼部右侍郎兼翰林学士，入内阁。薛瑄是一个“实践之儒”，立身行事，严辨公私，不惜上忤权贵，决不枉公徇私。其学问由“主敬”入手，注重存心、收放心的功夫，实践“有主”的持敬，认真检省自己的所作所为。临终时留诗说“七十六年无一事，此心始觉性天通”，后溢文清。其主要著作为《读书录》。

Y

杨龟山（时）

杨时（1053—1135），字中立，学者称龟山先生。明代南剑将乐（今福建将乐县）人。熙宁进士。曾杜门不仕十年。后涉足仕途，皆有惠政，官至龙图阁直学士。主张抗金，反对议和。曾以师礼见程颢，有“程门立雪”之美谈。南归时，颢送之曰：“吾道南矣！”二程之学经杨时、罗从彦、李侗传于朱熹。主要著作有《龟山集》《二程粹言》。

杨斛山（爵）

杨爵（1493—1549），字伯修，号斛山。明代陕西富平人。嘉靖进士。官行人，考选御史。为学主张以中和为本，认为戒惧慎独、自修之功，就在于致中和、止至善。是三原学派重要学者之一。著作有《周易辨录》《中庸解》《斛山遗稿》等。

Z

曾涤生（国藩）

曾国藩（1811—1872），初名子城，字伯涵，号涤生，清末湖南湘乡人。道光进士，曾任翰林院侍讲，后擢礼部右侍郎，历署兵、吏等部侍郎。曾国藩既是湘军首领、洋务派官僚，又是儒家的正统道学家。曾国藩是儒家历史上少有的"内圣外王"式人物，梁启超对他很推崇。今人辑其著述为《曾国藩全集》。

张横渠（载）

张载（1020—1077），字子厚。祖籍大梁（今河南开封），生于长安。因久居陕西凤翔府眉县横渠镇讲学，学者多称其为横渠先生。曾任崇文院校书、同知太常礼院。在哲学上继承和发展了中国古代的气一元论，提出了"太虚即气"的本体论，是关学学派的创始人。其"民胞物与"、天人合一的思想及"为天地立心，为生民立命，为往圣继绝学，为万世开太平"的人生理想对后世影响很大。著作有

《正蒙》《横渠易说》等。

中江藤树

中江藤树（1608—1648），名原，字惟命，通称与右卫门，号顾轩，门人称之为藤树先生。日本德川幕府初期的儒家学者，一般被认为是日本阳明学派的开山鼻祖。他也是日本著名的教育家，被后世尊称为“近江圣人”。

周濂溪（敦颐）

周敦颐（1017—1073），字茂叔，北宋湖南道州人，学者称濂溪先生。曾任南安军司理参军、广东提刑、知南康军。周敦颐曾长期做州县小吏，但不卑小职，处世超然自得。他尘视名利，雅好山林，有很高的精神境界，其散文名篇《爱莲说》寄托了他的人格理想。由于理学的创立者程颢、程颐曾向他问学，故周敦颐被后来学者视为道学开山之祖，在《宋史・道学传》中被列为道学之首。主要著作有《太极图说》《通书》，中华书局有新印《周敦颐集》。

朱晦翁（熹）

朱熹（1130—1200），字元晦，号晦庵。绍兴进士，官至秘阁修撰、焕章阁待制兼侍讲。朱熹祖籍徽州婺源（今属江西），生于福建尤溪，长期居住在崇安、建阳讲学，因此传统称他的学派为“闽学”。朱熹是宋代理学的集大成者，其学术思想在中国元明清三代，一直是官方的主导思想。主要著作有《四书章句集注》《四书或问》《太极图说解》《通书解》《西铭解》《周易本义》《易学启蒙》等。今人辑其著述为《朱子全书》。

祝无功（世禄）

祝世禄（生卒年不详，一说1539—1610），字延之，号无功。明代鄱阳（今属江西）人。万历进士，考选为南科给事中。终身不离讲学。其“身在心中”的思想被黄宗羲评价为“实发先儒所未发”。赞同耿定向的“不容已”思想。著作有《祝子小言》。

邹东郭（守益）

邹守益（1491—1562），字谦之，号东廓，明代江西安福人。正德进士，官至南京国子监祭酒。王守仁门生。其学谨守师门本旨，以独知为良知，以戒惧谨独为致良知之功。著述见《邹守益集》。

邹颍泉（善）

邹善（生卒年不详），号颍泉，明代江西安福人。嘉靖进士，曾任广东右布政使、太常寺卿。其父邹守益为理学宗师，《明儒学案》称："邹守益得王门心学精髓，而邹善承父之教，毫不走样。"其实邹善主静，与其父主敬，已有所不同。

邹聚所（德涵）

邹德涵（生卒不详，一说1538—1581），字汝海，明代安福（今属江西）人。邹善子，邹东郭孙。隆庆进士，历刑部员外郎。从其家师，专以悟为宗。

邹南皋（元标）

邹元标（1551—1624），字尔瞻，号南皋，明代吉水（今属江西）人。万历进士，曾任左都御史。为"东林"首领之一，与赵南星、顾宪成号为"三君"。后因与冯从吾建首善书院，集同志讲学，为阉党朱童蒙等疏劾辞职。卒谥忠介。元标尝从胡直游，得欧阳德、罗洪先之传，著作有《愿学集》。